王博杰　唐海萍　著

中国农业科学技术出版社

图书在版编目(CIP)数据

怀来山盆系统生态系统服务与人类福祉耦合关系研究 / 王博杰，唐海萍著. --北京：中国农业科学技术出版社，2023.5
ISBN 978-7-5116-6260-6

Ⅰ.①怀… Ⅱ.①王…②唐… Ⅲ.①生态系-环境系统-服务功能-研究-怀来县 Ⅳ.①X171.1

中国国家版本馆 CIP 数据核字(2023)第 071831 号

责任编辑 闫庆健
责任校对 贾若妍 李向荣
责任印制 姜义伟 王思文

出 版 者 中国农业科学技术出版社
北京市中关村南大街 12 号 邮编：100081
电 话 (010) 82106632(编辑室) (010) 82109702(发行部)
(010) 82109709(读者服务部)
网 址 https://castp.caas.cn
经 销 者 各地新华书店
印 刷 者 北京建宏印刷有限公司
开 本 140 mm×203 mm 1/32
印 张 5.5
字 数 141 千字
版 次 2023 年 5 月第 1 版 2023 年 5 月第 1 次印刷
定 价 30.00 元

内容简介

生态系统服务与人类福祉是近年来生态学、地理学和可持续性科学的跨学科研究热点。本书以生态系统服务与人类福祉为主题，系统介绍了生态系统服务和人类福祉的概念、主要评估方法、生态系统服务权衡/协同、时空变化驱动力、供需关系、生态系统服务和人类福祉的关系等生态系统服务研究领域的重要内容。在此基础上，以怀来山盆系统为例，结合生态系统服务和人类福祉开展可持续发展的范式研究，为生态系统服务和人类福祉关系理论研究到实践应用提供了新方法和新视角。《怀来山盆系统生态系统服务与人类福祉耦合关系研究》结合了自然科学和社会科学的方法和数据，促进了学科交融，研究成果可为区域土地管理规划和可持续发展提供科学的理论和案例支持，可作为从事科研与教学人员、相关方向的研究生、自然资源管理部门工作人员及其他相关人员的参考用书。

前　言

生态系统服务和人类福祉是联系自然和社会的桥梁，是表达区域可持续性的两个基本方面。在过去几十年，人类为了满足自身需求，将大量自然生态系统转变为农业生态系统，食物供给的增加促进了经济的发展和人类福祉的提高，然而也导致森林、草地面积及其物种多样性的锐减。因此，认识并处理好人类社会与自然生态系统之间的关系，是当今生态学研究的一个重要内容和亟待解决的问题。生态系统服务和人类福祉则是架构在人类社会和自然系统之间的桥梁，在人对自然的改造能力不断提高，人与自然矛盾逐渐凸显的大背景下，二者的关系成为研究的热点和前沿。

生态系统服务关乎人类福祉，可是究竟何种服务对人类福祉的贡献较大，人类福祉的各组成要素与哪些服务联系更为紧密，而何种服务变化对福祉的影响最为关键，至今仍不清楚。人类福祉是一个多维的复杂概念，起初多用于社会经济学和心理学，自2005年千年生态系统评估（MA）第一次将生态系统和人类福祉相联系，人类福祉开始融入生态学研究的范畴中，并逐步发展为热点研究问题。第11届国际生态学大会（INTECOL Congress）将生态系统服务和人类福祉作为主要议题，美国长期研究计划（LTER）也指出今后10年的研究应集中在生物多样性以及建立生态和人类系统互惠的环境政策。生态系统服务提供人类福祉，但并不是其全部来源，总结各学科福祉的概念可知，人类福祉反映了一种良好的生活状态，可见主观福祉的测度是具有重要意义的，逐渐受到研究者的重视，但在实际调查中有一定难度，需要结合社会科学的方法，目前研究案例较为缺乏。

MA 的提出使得决策者开始利用生态系统服务的概念去促进可持续发展，但 MA 聚焦全球尺度，在区域和局地尺度上决策者很难对其应用，尤其是在生态系统服务和福祉指标构建上，需要结合研究区现状和发展情况。因此，建立适合于当地的生态系统服务和人类福祉评估体系有助于实现局地生态系统管理和决策制定。生态-生产范式一词最早见于《草地的生态经济功能及其范式》一文，范式是指生态管理系统、区域性景观格局与功能带组合配置的范例，这种范式因时因地而异。一个地区的可持续发展需要科学地设计一个生态方案，生态-生产范式即结合生态学理论与可持续发展的技术进行科学“设计”所形成的优化的“生态方案”。生态系统服务和人类福祉是表达区域可持续性的两个基本方面，并且在区域景观管理和优化中的利用不断增加。评估生态系统服务和人类福祉，厘清生态系统服务之间、生态系统服务与人类福祉之间的关系，并将其应用到当地范式体系中，将有助于协调人与自然之间的关系，有助于将生态学理论研究应用到可持续的生态管理之中。

本书是笔者近几年以项目为支撑开展生态系统服务和人类福祉研究工作的阶段性总结，第一部分为理论，从生态系统服务和人类福祉的概念、生态系统服务研究重点（评估、权衡/协同、供给需求和关键驱动力）、生态系统服务和人类福祉关系几个方面系统阐述了生态系统服务和人类福祉的基础理论和研究动态；第二部分为案例应用，以怀来山盆系统为研究区，介绍了生态系统服务和人类福祉评估方法，分析权衡/协同和供需关系，揭示生态系统服务和人类福祉耦合关系，并基于研究结果提出怀来山盆系统可持续发展范式。

本书受内蒙古自治区科技计划项目国家自然科学基金“生态恢复下浑善达克沙地生态系统服务和牧民福祉的关系研究国家重大科学研究计划”（32060316）、“内蒙古生态资产核算、生态补偿技术研究与应用示范”（2019GG012）、“全球变化与区域可持续发展耦合模型及调控对策”（2014CB954300）第三课题“适应气候变化的区域可持续性范式”（2014CB954303）联合资助，才得以出版，在此表示衷心的感谢。

本书是生态系统服务和人类福祉研究对管理应用的一次尝试，由于研究内容较广泛，难免存在不足和不妥之处，敬请广大读者批评指正！

王博杰

2023年1月

目　录

第一章　生态系统服务与人类福祉概述

第一节　生态系统服务与人类福祉概念

一、生态系统结构–过程–功能–服务

在引入生态系统服务的概念之前，先介绍生态系统、生态系统结构、生态系统过程和生态系统功能这几个与生态系统服务密切相关的概念。生态系统（Ecosystem）是在一定空间中共同栖居着所有生物（即生物群落）与环境之间通过不断的物质循环和能量流动过程而形成的统一整体。生态系统是由非生物环境（空气、水等）、生产者、消费者和分解者组成的。1935 年，英国植物生态学家 A. G. Tansley 首次提出了生态系统的概念。陆地生态系统又包括森林、草地、荒漠、苔原、农田和城市生态系统；水域生态系统又包括淡水生态系统和海洋生态系统。

生态系统结构是生态系统内部各要素相互联系和作用的方式，是系统的基础。结构保持了生态系统的稳定性。生态系统的结构表现在组分结构、时空结构和营养结构 3 个方面。组分结构，指生态系统中由不同生物类型以及它们之间不同数量组合关系所组成的系统结构；时空结构也称形态结构，指生态系统各种生物组分在空间上（水平结构和垂直结构）、时间上的（时间结构）不同配置和形态差异；营养结构指生态系统各要素之间以

食物营养为纽带形成的食物链和食物网结构，是构成物质循环和能量流动的主要途径。

生态系统过程是生态系统中生物和非生物通过物质和能量驱动的复杂相互作用的结果，支持信息（例如刺激）、能量（例如阳光）和物质（例如营养物质、气体、水）的流通，也是生态系统服务的基础（李奇等，2019）。生态系统过程与生态系统服务不是一对一的，而可以是一对多或多对一的，比如碳循环过程对应粮食供给服务和气候调节。

生态系统功能是生态系统本身所具备的一种基本属性，是生态系统作为一个开放系统，其内部及其与外部环境之间所发生的能量流动、物质循环和信息传递的总称。不因是否被人类所消费、利用而存在，有时被认为是生态系统的“支持服务”，在已有的研究中，生态系统功能和生态系统服务的概念常常被混淆。生态系统功能与人类产生联系，使人类获得收益的则成为生态系统服务，所以称生态系统服务为架构在社会和自然生态系统中的桥梁，但必须要强调的是生态系统服务必须有生态系统功能的支撑。

生态系统服务的产生依赖于生态系统的组成、结构和过程。社会系统依赖生态系统以及生态系统组成、结构、过程和服务之间的关系。生态系统组成是生态系统过程和服务的物质基础和驱动因素。生态系统过程是提供生态系统服务的手段，例如，授粉、土壤形成、养分循环和水循环提供食物和水供给的服务。过程和服务不能完全分开，有些过程本身也是服务。

生物多样性与生态系统服务的关系仍在争论中。根据《生物多样性公约》的定义，生物多样性是指“所有来源的活的生物体中的变异性，这些来源包括陆地、海洋和其他水生生态系统及其所构成的生态综合体；这包括物种内、物种之间和生态系统的多样性”。2007 年发布的生态系统与生物多样性经济学（The

Economics of Ecosystems and Biodiversity，TEEB）和2012年建立的政府间生物多样性与生态系统服务科学政策平台（Science Policy Platform on Biodiversity and Ecosystem Services，SPPBES）都强调了二者之间的重要关系。对于生物多样性和生态系统服务的关系有几种认知：一是生物多样性是生态系统结构、过程和服务的基础，生态系统服务提供的基础是植物、动物和微生物，生物多样性可以调节生态系统过程，比如土壤生物群落可以调节土壤的养分循环；二是生物多样性本身就是一种最终的生态系统服务，一些产品供给服务（农作物）来自物种和基因水平的多样性；三是生物多样性具有文化价值，比如人们对于野生动植物的欣赏价值、传粉动物的多样性对景观美学的促进。

二、生态系统服务的概念和分类

人类对生态系统依赖的研究可以追溯到1864年，Marsh在《人与自然》（*Man and Nature*）一书中提到了自然的破坏及其对人类福祉产生的负面影响。随后的研究中也提到了人类从自然中获取利益（Vogt，1948；Holdren & Ehrlich，1974；Westman，1977）。生态系统服务（Ecosystem service）一词首先被提出是在1981年Ehrlich等的专著中，1983年Ehrlich等发表的文章中使用生态系统服务作为标题，此后生态系统服务一词得到了学界的关注和使用，直到《自然服务》（Daily，1997）一书的出版及同年Costanza等（1997）评估了全球的生态系统服务价值，极大地推动了生态系统服务的发展。2001年正式启动的千年生态系统服务评估（Millennium Ecosystem Assessment，MA）是继IPCC之后的另一个全球政府间评估计划，对全世界生态系统服务状况和变化进行了评估（MA，2005）。

关于生态系统服务的概念，国内外存在多种不同的定义，本文按时间顺序总结如表1-1所示。

表 1-1　生态系统服务的主要概念

Table 1-1　The mainstream definitions of ecosystem service

生态系统服务定义	文献来源
自然生态系统用于构成、维持和满足人类生活的状态和过程	Daily（1997）
人类从生态系统功能中直接或间接获得的利益	Costanza *et al.*，（1997）
以 Daily（1997）的概念为基础，认为生态系统服务是生态系统与生态过程形成的、维持人类生存的自然环境及其效用	欧阳志云等（1999）
自然过程及其组成部分提供产品和服务来满足人类需要的能力	De Groot *et al.*，（2002）
人类从生态系统中获得的各种惠益	MA（2005）
生态系统主动或被动用于产生人类福祉的方面	Fisher *et al.*，（2009）

De Groot *et al.*（2002）将生态系统服务定义为自然过程及其组成部分提供产品和服务来满足人类需要的能力，并将其分为四大类，即调节功能、栖息地功能、生产功能和信息功能。调节功能：这组功能涉及自然和半自然生态系统通过生物地球化学循环和其他生物圈过程调节基本生态过程和生命支持系统的能力，除了维护生态系统（和生物圈）健康外，这些调节功能还提供许多对人类有直接和间接利益的服务（如清洁空气、水和土壤服务）；栖息地功能：自然生态系统为野生动植物提供避难所和繁殖栖息地，从而有助于（就地）保护生物和遗传多样性及进化过程；生产功能：自养生物的光合作用和养分吸收将能量、二氧化碳、水和养分转化为各种各样的碳水化合物结构，然后由二级生产者用来创造更大种类的生物量，碳水化合物结构的广泛多样性为人类消费提供了许多生态系统产品，从食物和原材料到能源和遗传物质；信息功能：由于人类进化大多发生在未驯化栖息地的环境中，自然生态系统为精神充实、精神发展和休闲提供了几

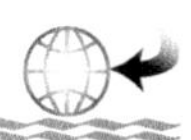

乎无限的机会，比如审美信息、休闲和旅游。Fisher 等（2009）以评估为目的，将生态系统服务分为中间服务、最终服务和利益，中间服务或最终服务的确定则取决于它们与人类福祉的联系程度。比如水分调节、土壤形成和传粉等是中间服务，而与人类收益直接相关的清洁水供给和风暴防护则为最终服务。

MA（2005）将生态系统服务定义为人类从生态系统中获得的各种惠益，并将生态系统服务划分为供给服务、调节服务、文化服务及最基础的支持服务，是目前广泛应用的生态系统服务分类。供给服务是指人类从生态系统获取的各种产品，比如食物和纤维、燃料和淡水等；调节服务是指人类从生态系统过程的调节作用当中获取的各种收益，比如调节气候、土壤保持和防风固沙等；文化服务是指人们通过精神满足、认知发展、思考、消遣和美学体验而从生态系统获得的非物质收益，比如教育价值、灵感、美学价值、消遣和生态旅游等；支持服务是为生产其他所有的生态系统服务而必需的那些生态系统服务，这类服务与供给服务、调节服务和文化服务的区别在于，它们对人类的影响要么是通过间接的方式，要么是发生在一个很长的时间，比如初级生产、土壤形成和养分循环等。

三、人类福祉概念

人类福祉一词由生活质量、幸福感和生活满意度等演化发展而来，由于其本身的多维性和复杂性，不同学科领域的人根据学科特点提出了福祉的定义，到目前为止，还没有统一的定义。人类福祉的理论源于政治哲学，与良好社会本质及解释人类思想的心理学有关（Dodds，1997；King *et al.*，2014）。Bentham（1995）在古典功利主义的立场上，强调最多数人的最大幸福（此时福祉和幸福本质上同义）。最初人类福祉被认为是客观的物质条件，比如经济状况、住房、福利等，而 Dodds（1997）认为不能仅用物质来描述福祉，要从生态经济角度进行分析（王博杰和唐海萍，2016）。在千年生态系统评估计划后又结合了生态学要素，进一步拓展了人类福祉的研究领域，将生态系统服务与人类福祉相联系。而 Summers 等（2012）认为 MA 没有将物质、社会和心理福祉全部概括，并提出了人类福祉的 4 个方面，包括基础需求、环境需求、经济需求和主观幸福感。总结上述概念，人类福祉被定义为一种积极的状态，而海洋管理社会福祉指标工作组会议（2014）对其进行改进，认为福祉不仅是生存的状态，还包括了环境和人类群体对人类需求和生活质量的满足。总结人类福祉的主要定义，如表 1-2 所示。

表 1-2　人类福祉的主要概念

Table 1-2　Mainstream definitions of human well-being

人类福祉定义	来源	研究领域
从可行能力的视角衡量，认为人类福祉是人们实现有价值活动或达到有价值状态的能力	Sen A（1993）	经济学
福祉是最喜爱的、最有利的精神状态，强调最多数人的最大幸福	Bentham J（1995）	哲学
福祉是一种心态、世界的一种状态、人的能力及潜在需求的满意度	Dodds S（1997）	生态经济学
福祉是人们对于生活积极的评价和感受	Diener E（2004）	社会学
人类福祉是根据经验而定的人们认为有价值的活动和状态，包括维持高质量生活的基本物质需求、健康、良好的社会关系、安全以及自由和选择	MA（2005）	生态学
福祉是一个积极的身体、心理和社会状态。它要求满足基础的需求、达到个人目标及参与社会的能力	Summers *et al.*（2012）	生态学、经济学、可持续科学

引自王博杰和唐海萍（2016）。

MA（2005）将人类福祉分为 5 个部分，包括维持高质量生活

的基本物质需求、健康、安全、良好的社会关系、自由和选择。以上这些要素共同反映了人类福祉在满足物质、社会、心理和精神需求方面应该具备的条件。其中维持高质量生活所必需的物质条件，包括有保障的足够的生计、收入和资产，充足的食物、住房、家具、衣物及商品获取；健康，包括身体健康、心情良好和具有益于健康的自然环境（干净安全的饮用水、清洁的空气）；安全，包括安全的环境（经济、战争、自然灾害）、对于扰动（洪水、干旱、虫灾等）的恢复力；良好的社会关系，包括良好的伴侣、家庭和社会关系，以及帮助别人和供养孩子的能力；自由和选择，包括一个人决定及实现其所要生活的选择范围、能够从事个人认为有价值的活动和达到个人认为有价值的生存状态。

第二节　生态系统服务相关研究进展

一、生态系统服务评估

生态系统维持并支撑着人类的生存环境，包括生物地球化学循环及稳定气候的调节，也包括与人类生活息息相关的食物、水、空气及能源的供给。而生态系统正面临着前所未有的威胁，MA 对全球 24 项生态系统服务的评估结果表明：60%的生态系统正在退化或处于不可持续状态。生态系统功能一直是生态学研究的主要内容，它侧重于对自然属性的研究，而生态系统服务强调了人类对生态系统功能的利用。生态系统服务不能独立于人而存在，当人类从生态系统过程中得到惠益时即产生了生态系统服务。生态系统服务的定量评估、相互关系及时空格局是了解研究区生态系统服务概况和生态系统服务管理的基础；生态系统服务的公众认知、利益相关方参与以及生态系统服务的供需关系是生态系统服务研究的重要挑战和发展新方向，将有助于推进理论迈向有效的管理实践。

为了更深入理解生态系统提供的服务，国内外学者开始将其量化，并采用各种定量评估方法试图以更清晰的方式刻画生态系统服务的特征。传统的生态系统服务评估方法，可以分为价值量评估和物质量评估（赵景柱等，2000）。

价值量评估是将生态系统服务以货币量的形式表现出来，评价结果直观、易于理解，并可以纳入国民经济核算体系中，也可以用于生态补偿、生态资产管理之中。自 1997 年 Costanza 等估算了全球生态系统服务的价值（Costanza *et al.*，1997），生态系统服务价值的评估引起了国内外学者的广泛关注和研究。针对不同尺度，在全球尺度上，Sutton & Costanza（2002）基于 Costanza 计算的单位面积生态系统服务价值和土地利用数据，评估了全球生态系统的非市场价值和市场价值；在国家尺度上，众多学者陆续地评估了中国生态系统服务价值（欧阳志云等，1999；陈仲新和张新时，2000；谢高地等，2003，2015；潘耀忠等，2004；石垚等，2012），其中，欧阳志云等（1999）利用替代工程、影子价格法等对中国生态系统服务间接价值进行了评估；在区域尺度上，肖玉等（2003）评价了莽措湖流域生态系统服务，并分析了 10 年间的变化；谢高地等（2003）制定了符合我国国情的生态系统单位面积服务价值表，并以此核算了中国 11 种生态系统服务价值（谢高地等，2015）。

生态产品总值（GEP）是目前较热门的一种生态系统服务价值核算。生态产品是一个具有中国特色的概念，党的十九大报告提出，要提供更多优质生态产品以满足人民日益增长的优美生态环境需要；《全国主体功能区规划》中提出生态产品是指维系生态安全、保障生态调节功能、提供良好人居环境的自然要素，将重点生态功能区提供的水源涵养、固碳释氧、气候调节、水质净化、保持水土等调节服务定义为生态产品。随着研究的不断演

进，物质供给和文化服务也纳入到生态产品之中。生态产品价值实现实质上就是将绿水青山中蕴含的生态产品价值进行合理高效的转化。2022 年国家发展改革委和国家统计局已印发《生态产品总值核算规范（试行）》。生态产品总值是一定行政区域内各类生态系统在核算期内提供的所有生态产品的货币价值之和。生态系统服务价值分为使用价值和非使用价值。使用价值是指当某一物品被使用或消费的时候，满足人们某种需要或偏好的能力，如粮食、果品；非使用价值则相当于生态学家所认为的某种物品的内在属性，它与人们是否使用它无关，如水土保持、调节气候。供给服务可以给人类带来直接的收益，因此更被重视，而调节服务属于"公共物品"，给人类带来的收益也是间接的，因此，在保护和评价过程中被忽视，但是其价值却更为庞大，并且调节和支持服务的退化对可持续福祉的影响更为巨大。由 2020 年内蒙古生态产品总值核算结果发现，内蒙古调节服务产品占 GEP 总值的 75.35%，物质产品价值占 6.98%，文化服务产品占 17.67%。

物质量评估主要是从物质量的角度对生态系统提供的服务进行整体定量评价（赵景柱，2000）。该方法是从生态学理论和机理出发，可以客观反映生态系统过程和生态系统服务机制，并不受市场价格波动影响。但也存在着各生态系统服务单位量纲不同、结果过于专业化无法引起广泛重视等问题。近年来，随着遥感、GIS 技术和模型的不断更新和发展，物质量评估得到了巨大的发展。值得一提的是生态系统服务功能评估模型的开发，为量化生态系统服务及其空间分布起到了重要的作用，其中 InVEST（Integrated valuation of ecosystem services and tradeoffs）模型应用最为普遍。该模型 2008 年由美国斯坦福大学、明尼苏达大学、大自然保护协会和世界自然基金会联合开发，集合了多个模块（土壤保持模块、生境质量模块、碳储量模块、产水模块等），基于多种空间数据和社会经济数据，模拟生态系统服务物质量和价值量变化，是一种生态生产过程评估的综合模型。截至目前，已有大量研究利用模型来评估生态系统服务（Fu *et al.*，2011；Bai *et al.*，2011；Goldstein，2012；Su & Fu，2013；Vergílio *et al.*，2016；Ouyang *et al.*，2016；Zhang *et al.*，2017；杨芝歌等，2012；黄从红，2014；杜世勋和荣月静，2015；黄麟等，2016；赵琪琪等，2018）。在此，我们以 Su & Fu（2013）和 Ouyang *et al.*（2016）作为案例，分别介绍区域尺度和国家尺度上生态系统服务的评估。其中，Su & Fu（2013）基于 InVEST 模型和 CASA 模型估算了泥沙沉积、产水量和 NPP，及其在 1975—2008 年服务量的波动，并分析了气候和土地利用变化对生态系统服务的影响；Ouyang *et al.*（2016）在《science》发表的文章中利用 InVEST 和 USLE 等生态系统模型评估了目前最为广泛研究的 7 种生态系统服务，填补了国家尺度上物质量评估的空缺，结果显示，10 年来中国除生物多样性保育外的 6 种生态系统服务均有所提升。

为了将生态系统服务更好地应用到管理，需要充分考虑当地利益相关者的认知和意愿（Costanza *et al.*，2017；Cebrián-Piqueras *et al.*，2017），近年来还出现了参与式方法评估生态系统服务，是生态系统服务评估发展的新趋势。学者们采用访谈和问卷调查的方法，调查当地生态系统服务利益相关方对生态系统脆弱性和重要性认知（Iniesta-Arandia *et al.*，2014；Quintas-Soriano *et al.*，2016），生态系统服务变化趋势（Pereira *et al.*，2005），并分析土地利用变化对生态系统服务的影响（Quintas-Soriano *et al.*，2016）。

综上可知，目前的研究有以下几个特点：（1）在研究区选取上主要集中在国家和区域尺度上，对流域生态系统服务研究较多（Bai *et al.*，2011；Delgado & Marín，2016；肖玉等，2003；

王蓓等，2016），自然边界和行政边界相结合较少；（2）生态系统服务选取不均衡，调节服务研究较多，并且主要选取碳固定、水质净化和土壤保持3种服务类型，供给服务主要为粮食生产、产水量，文化服务大多为休闲娱乐；（3）停留在单纯的数量和价值评估，缺少利益相关方的参与，与可持续的景观管理的结合较少。因此，今后的研究应着重于小尺度的生态系统服务评估，依据地区特色选取关键生态系统服务，并加强利益相关方的参与，为当地可持续的生态管理提供实证依据。

二、生态系统服务权衡与协同关系研究

随着研究的深入，仅仅对生态系统服务进行物质量和价值量的评估，无法满足管理决策的需求，越来越多的学者开始关注生态系统服务之间的关系（李双成等，2011；Goldstein *et al.*，2012）。生态系统服务不是独立存在并发挥作用的（Nelson *et al.*，2009），生态系统服务之间存在着复杂的相互关系，而这种关系的产生被总结为2种机制：（1）共同驱动力对多种生态系统服务的影响；（2）直接相互作用，一种生态系统服务供给量的变化直接导致其他服务供给量的变化（Bennett *et al.*，2009）。“权衡”一词最早来源于经济学，生态系统服务权衡的理念源于自然资源管理学（李双成等，2013）。权衡是一种“此消彼长”，是指某些类型生态系统服务的增加或减少，导致其他类型生态系统服务减少或增加的情形。生态系统服务权衡可能产生于人类对生态系统服务的选择偏好，即强调特定类型生态系统服务的消费极大化，而有意或无意地削弱其他类型生态系统服务的供给。协同是一种正向关系，是指2种及2种以上的生态系统服务的供给同时增加或减少的状况。在生态系统管理中，尽可能地削弱权衡，增加协同是有意义的，协同作用是实现生态系统服务利益最大化的内在途径，也是人类社会发展的最终目标。权衡常常可以

从空间、时间和可逆性 3 个角度去分析和理解（De Groot *et al.*，2010）。空间上的权衡主要表现为生态系统服务在不同区域之间的此消彼长，如上游地区增加粮食供给服务，可能会导致下游地区的产水量和水质净化服务降低。时间权衡指目前对生态系统服务的开发利用可能对于未来服务带来的影响，或者短期内为满足某些生态系统服务的使用导致长期的其他生态系统服务降低，比如为了获得短期更多的农牧业产品，毁林开荒、过度放牧，对土壤保持、防风固沙等服务造成影响；可逆权衡是指当生态系统不再被打扰和破坏时，所提供的服务是否可以恢复到最初状态或者达到的恢复程度。

生态系统服务的权衡和协同关系的研究方法，主要分为以下 3 类：生态系统服务制图、统计学方法与情景模拟。（1）生态系统服务制图可以将生态系统服务的时空特征可视化，利用 GIS 平台对各生态系统服务类型进行空间叠加比较，得到各生态系统服务的时空特征（Su & Fu，2013；Rao *et al.*，2014；Ouyang *et al.*，2016；黄麟，2016）、多重生态系统服务权衡与协同的空间分布（Swallow *et al.*，2009；Crouzat *et al.*，2015；Yao *et al.*，2016；杨晓楠，2015；付奇，2016）、冷热点分析（Qiu & Turner，2013；Wu *et al.*，2013；Queiroz *et al.*，2015；Li *et al.*，2017；武文欢等，2017）；（2）统计学方法也是目前国内外学者普遍利用的方法，基于统计软件（如 SPSS、R、Python 等），采用相关性分析（Raudsepp Hearne *et al.*，2010a；Bai *et al.*，2011；Wu *et al.*，2013）、回归分析（Maes *et al.*，2012）、聚类分析和冗余分析（Turner *et al.*，2014；Yang *et al.*，2015）来确定生态系统服务的关系。其中，相关性分析是较为广泛使用的一种方法，如 Raudsepp-Hearne *et al.*（2010）以加拿大东魁北克省为研究区，在景观尺度上对 12 种生态系统服务进行相关性分析，利用生态系统服务簇识别生态系统服务权衡和协同类型及区域，发现供给服

务几乎与所有的调节服务、文化服务之间均为权衡关系。此外，随着研究的不断开展，还有如约束线方法、均方根误差等方法确定权衡/协同；(3) 情景分析法则更有利于生态管理和政策制定，通过建立保护、发展和气候变化等情景来模拟生态系统服务的动态变化。Nelson 等（2009）根据计划、发展和保护情景下的土地利用和覆盖，利用 InVEST 模型模拟了这 3 种情景下生态系统服务和生物多样性的变化；杨晓楠等（2015）利用 CA-Markov 模型预测了 2030 年的土地利用类型，模拟了保护、开发和计划情景 3 种不同情景下土壤侵蚀与固碳和保水之间的权衡关系。管理者可以利用生态系统服务权衡和协同的关系去减少社会相关经济支出，并增加人类福祉（Raudsepp-Hearne *et al.*，2010a），也可以设定保护或发展优先的不同情景来权衡不同管理策略下的生态系统服务得失（白杨等，2013）。另外，生态系统服务权衡和协同的影响因素目前也得到了进一步的探讨，包括土地利用变化（Zheng *et al.*，2022；Liu *et al.*，2023）、气候（Hu *et al.*，2023）、DEM 和 GDP（Xue *et al.*，2023）等自然和社会经济因素。

在生态系统服务权衡和协同的研究中，还需要注意尺度效应。尺度指的是经历时间的长短或在空间上涵盖范围的大小，即通常所指尺度有时间和空间两方面的含义，尺度是地理学研究的核心内容和关键方法。在生态学的研究中，由于地表自然界的复杂层次组织特征，在不同的空间尺度上生态过程往往具有差异性（吕一河和傅伯杰，2001）。关于生态系统服务的研究已在不同空间尺度（如全球、大洲、国家、流域以及不同的行政单元等）上开展，结果显示生态系统服务的供给类型和空间布局在不同的研究尺度上存在差异，而且服务之间的相互作用关系具有明显的尺度效应（Raudsepp-Hearne & Peterson，2016）。大尺度上的权衡/协同结果未必适用于小尺度研究。粮食等有形商品的供给服务，土壤形成、侵蚀控制等部分调节服务主要在局地尺度发挥作用，而气候调节、养分循环等调节、支持服务则在大范围内服务于整个地球生命系统。另外，在时间尺度上传粉、洪涝减缓在短期内成效显著，而土壤保持则在长时间内发挥效用。

现有的研究结果普遍认为供给服务与调节服务、文化服务之间存在权衡关系，如粮食供给与碳固定（Yang *et al.*，2015），食物纤维生产与水质调节（Bennett *et al.*，2001；Butler *et al.*，2013），肉类、粮食供给与自然欣赏、生态旅游休憩服务（Turner *et al.*，2014），渔业捕获量与海洋生态系统相关的调节服务（Pauly *et al.*，2003）。而调节服务之间存在协同关系，如碳固定与土壤保持、水质调节之间（Raudsepp-Hearne *et al.*，2010a；Qiu & Turner，2013）。但这种关系具有不确定性，并且因时因地而异，比如，Bai 等（2011）对白洋淀流域 7 种生态系统服务评估得到固碳与产水量之间为协同关系，而 Chisholm（2010）对南非红客沙谷造林的影响研究以及 Jiang 等（2016）对三江源区生态系统服务定量化评估的结果发现二者之间表现为权衡作用。

然而，目前大量研究集中报道了流域生态系统服务相互关系（Butler *et al.*，2013；Qiu & Turner，2013；Simonit & Perrings，2013；Hu *et al.*，2015），这些研究主要针对水质净化、产水量与食物供给和自然娱乐等服务之间的关系；也有少量研究在山地系统展开（Briner *et al.*，2013；Crouzat *et al.*，2015），但对山盆系统的研究甚为缺乏（Fu *et al.*，2015）。在欧洲，国家尺度上的研究较多（Eigenbrod *et al.*，2010；Maes *et al.*，2012；Turner *et al.*，2014）；在国内，主要集中在区域尺度（Wu *et al.*，2013；Lu *et al.*，2014；Yang *et al.*，2015），并且存在着分布不均匀的问题。另外，仅有少数研究结合自然边界和行政边界开展（Queiroz *et al.*，2015），而行政单位是生态管理和决策最直接作用的基本单元。生态系统服务间的权衡和协同关系为决策者制定生态保护规划和管理政策起到重要作用，以促进人与自然环

境可持续发展（Nelson *et al.*，2009；张立伟和傅伯杰，2014）。因此，当前应该注意加强小尺度上其他地理单元的生态系统服务权衡与协同关系，并与生态管理和政策相结合。

三、生态系统服务供给和需求关系研究

生态系统服务供需关系的研究是资源可持续利用的基础。人类需求是人类从生态系统获取利益的先决条件，因此，在量化生态系统服务供给能力的同时，也应该同时考虑人类对这些生态系统服务的需求（Wolff, *et al.*，2015；Arbieu *et al.*，2017）。生态系统服务需求常用“Demand”“消费”“Use”和“Benefit”表示，对生态系统服务需求的理解主要分为：（1）生态系统服务需求是指一定时间一定范围内的人类使用或消耗生态系统服务的总和（Burkhard *et al.*，2012）；（2）生态系统服务需求是人类个体对特定生态系统服务偏好的表达（Villamagna *et al.*，2013；Schröter *et al.*，2014）。生态系统服务供给可用“Supply”“Provision”“Production”和“Source”表示，根据生态系统的承载能力和人对生态系统服务的利用程度，将供给分为潜在供给和实际供给。潜在供给是生态系统以可持续的方式长期提供服务的能力，实际供给是被人切实消费或利用的产品或生态过程。生态系统服务流是生态系统从供给区到需求区的连接，是供给区所提供的生态系统服务依靠某种载体或不经任何载体，在自然或人为因素的驱动下，沿某一方向和路径传递到受益区的过程。Fisher 等（2009）根据服务产生区域（P）和服务受益区域（B）的空间关系，将生态系统服务分为 4 类，并用概念图表示。“原位”指的是服务的供给区和受益区重叠，比如土壤形成是一种原位服务；“全方位”指的是服务供给区在一定范围，受益区则全方位分布在供给区周边，比如昆虫为栖息地周边农田提供授粉服务，草地和林地为周边提供碳固定的服务；“流动方向性”指的是服务从供给

区沿一定方向流向受益区，这里包括有海拔梯度变化的“重力依赖”和无海拔差异的“非重力依赖”，比如山地林地提供的滑坡防护服务为“重力依赖”，而滨海红树林湿地对海岸线的防护、流域上游生态修复提升下游水质净化属于“非重力依赖”。

生态系统服务供给与需求的匹配程度会影响人类福祉。生态系统服务供需不匹配可能导致特定生态系统服务的社会需求（当前需求或潜在需求）得不到满足。当生态系统服务供给大于需求，需求得到满足，管理是可持续的；当供给小于需求，需求未被满足，发展是不可持续的，可通过土地规划或其他政策改变生态系统服务流。生态系统服务供需不匹配可以表现在空间、时间和利益相关者 3 个方面。

目前，生态系统服务供需关系的研究刚刚起步，矩阵法是供需研究中应用较多的一种方法，该方法是由 Burkhard 等（2012）提出，基于专家知识和土地覆盖数据，研究了德国中部地区的生态系统服务供给和需求关系。这种方法简单易行，适用于数据缺乏的区域，但是需要专家组具备详细了解研究区的社会经济自然背景，以减少主观误差，另外，该方法忽略了同种地类的空间异质性（Tao *et al.*，2018；白杨等，2017；马琳等，2017）。生态足迹法则以生态承载力和生态足迹的差额来反映生态系统服务供给和需求的关系，Palacios-Agundez 等（2015）利用该方法研究了西班牙北部地区的生态系统服务供需关系。生态足迹法采用面积为统一单位，使得生态系统服务供给和需求统一可比，但该方法无法分开计算单项生态系统服务的供需关系（白杨等，2017）。生态系统服务供需比（ESDR）可用于供需关系的量化，并且当前被较多利用（Cui *et al.*，2019）。该方法基于生态系统服务供给和需求的估算结果计算 ESDR 值，ESDR 值大于 0 表示生态系统服务盈余，小于 0 表示赤字，等于 0 表示平衡状态。公众参与法是以利益相关者的认知和偏好为基础，研究生态系统服

务供给和需求，该方法可以直接反映利益相关者的需求，有利于有效的生态系统管理，但也受到受访者对各项生态系统服务理解程度的限制。Martín-López 等（2014）以面对面问卷调查的方法确定了西班牙南部 Guadalquivir 流域的生态系统服务需求，Arbieu 等（2017）同样利用该方法研究了非洲南部自然保护区文化服务供需不匹配的问题。

综上可知，生态系统服务供需关系的研究是近年来的一个新方向，研究成果日益增多，但是目前生态系统服务供需关系的分析在方法上需要进一步探索和完善，尤其是利益相关者的参与；对于生态系统服务供给和需求在时间和空间上匹配的研究还很缺乏；另外，生态系统服务供需关系与人类福祉的耦合将成为研究的重点。

四、生态系统服务变化的驱动力研究

MA（2005）将驱动力定义为直接或者间接地导致生态系统发生变化的任何自然或人为因素，并将生态系统服务、人类福祉、变化的直接驱动力和间接驱动力联系起来。直接驱动力主要是指物理、化学和生物方面的因素，例如，土地覆被变化、气候变化、空气和水污染、灌溉、化肥施用、收获，以及外来入侵物种的进入；变化的间接驱动力主要是指人口、经济、社会政治、科学与技术。多种相互作用的驱动力可以导致各种生态系统服务发生变化。变化的直接驱动力和间接驱动力，它们两两之间或者多个之间具有多种功能相关性，同时，生态服务的变化反过来又会对导致生态系统服务变化的驱动力产生反馈信息。识别生态系统服务变化的驱动力是空间决策的基础，同时决策又会对驱动力产生影响。目前驱动力分析的主要方法为回归分析、主成分分析、相关性分析、地理探测器及情景模拟等。

“国际地圈与生物圈计划”（IGBP）和“全球环境变化人文计划”（IHDP）（1995）共同推动发表了《土地利用/土地覆被

变化科学研究计划（LUCC）》。土地利用变化是生态系统服务变化的直接驱动力，主要表现在土地利用类型变化、土地利用格局变化和土地利用强度变化 3 个方面。比如人口的增加导致对粮食等物质供给服务的需求增加，因此，发生草地或林地转换为耕地的现象，而草地和林地的调节服务和支持服务较强，耕地的供给服务较强，而退耕还林还草项目则与此相反。土地利用/覆被变化可以直接反映人类活动，人类通过改变土地利用方式、结构、强度，影响能量交换、水循环和生物地球化学循环等过程，进而影响生态系统服务及其价值。

气候变化是当前的研究热点，也是生态系统服务变化的直接驱动力。一方面，气候要素是很多生态系统服务的驱动力，另一方面，气候要素通过改变生态系统的结构和功能，进而影响生态系统服务供给。气候变化通过气温、降水和二氧化碳密度影响生态系统的结构和功能，包括气候变化对生态系统空间分布和物候的影响、对生态系统生产力的影响、对生态系统恢复力的影响。Li 等（2022）在呼伦贝尔草原的研究发现，降水增多对碳固定和土壤保持等生态系统服务有显著的正向作用；Bai 等（2021）研究发现在北方草地生态系统服务与温度和降水波动之间存在较强的相关性。其中，在锡林郭勒地区，温度是土壤保持、水分调节和景观美学等服务的主要驱动力，而在西部的鄂尔多斯降水增多对生态系统服务变化有负向影响。而气候要素和土地利用/覆盖变化的影响是不易分离的，生态系统服务受到两个因素的共同作用，已有研究试图去探讨阿勒泰地区森林草原交错带土地利用和气候变化分别对生态系统服务的影响（Fu *et al.*，2017；Cui *et al.*，2021）。

另外，可以结合未来气候变化情景来预测模拟生态系统服务，可通过调整人类有序活动来适应未来气候变化，缓解气候变化可能带来的影响，为管理决策提供支持。目前的气候变化情景来自政府间气候变化专门委员会（IPCC），该委员会是评估与气

候变化相关科学的联合国机构。1990 年，IPCC 完成第一次评估报告。IPCC 第一次评估报告主要以温室气体加倍情景为基础，实现大气-海洋-陆面耦合模式下未来气候变化的预测，预测结果表明，到 2025 年，全球平均温度将比 1990 年升高 1℃左右。2001 年，IPCC 完成第三次评估报告，报告中采用了新的排放情景（SRES A1，A2，B1，B2），综合了气候变化对自然生态系统和社会系统的影响，并分析了这两类系统的脆弱性。2013 年，IPCC 第五次评估报告以代表性浓度路径（RCPs）情景为基础，考虑了人类应对气候变化的各种政策对未来排放的影响，将其应用到气候模式、影响、适应和减缓等各种预估中，以描述未来人口、社会经济、科学技术、能源消耗和土地利用等方面发生变化时，温室气体、反应性气体、气溶胶的排放量，以及大气成分的浓度。2022 年，IPCC 第六次评估报告第六次耦合模式比较计划（CMIP6）的共享社会经济路径（SSPs），共包括 5 种情景：SSP1-1.9、SSP1-2.6、SSP2-4.5、SSP3-7.0 和 SSP5-8.5。

第三节　生态系统服务和人类福祉关系研究进展

一、人类福祉的评估

从人类福祉的概念可知，它是一种状态的主观表达，又与客观环境产生联系，因此，可以将其分为主观福祉和客观福祉，在评估福祉时，多采用主观调查法、客观指标评价法和主客观结合的方法。国内外学者们大多首先建立福祉评估的指标体系，一般由主观指标、客观指标或主客观指标相结合构成（王博杰和唐海萍，2016）。

主观调查法更能反映被调查者真实的福祉认知情况，有利于管理决策，但也存在着样本大小、调查方式等对结果的不定性影响以及数据获取难等问题。生活满意度是主观调查的一个主要测度指标，Oswald & Wu（2010）在国家尺度上调查了美国居民的生活满意度，并认为主观福祉的测度是有意义的。Yang 等（2013）基于问卷调查数据建立人类福祉指标体系，并用于评估汶川地震对福祉的影响；Abunge 等（2013）利用参与式福祉评估的方法调查了与当地渔业利益相关者的福祉认知及其关键影响因素；Pereira 等（2005）结合参与式农村评估和快速农村评估方法分析了葡萄牙当地人类福祉与生态系统服务的关系；Bieling 等（2014）采用面对面访谈的方法调查不同景观类型的主观福祉，并认为自然环境对人类福祉建成具有重要作用；Wu 等（2022）利用问卷调查法评估了多伦县的主观福祉，并利用结构方程模型分析了社会经济因素对主观福祉的影响；李惠梅等（2014）利用参与式农村评估方法，评价了黄河源头玛多县牧民生态保护前后的福祉变化。目前主观福祉的研究存在着以下问题：(1）评估指标不统一，不能全面涵盖福祉各要素；（2）关注度高，但仅有少量研究直接提出主观福祉，研究仍处于刚起步阶段，研究案例不够丰富。

客观指标评价法是用物质和社会属性对福祉进行量化（李琰等，2013），数据获取较容易，并适于大尺度下的评估比较，较主观调查法而言，不受被调查者因素影响。联合国开发计划署（UNDP）提出的人类发展指数（HDI）是目前影响力较大的客观指标体系，它整合了出生时预期寿命、入学率、成人识字率和人均 GDP 4 个指标（UNDP，2015）。也有学者应用人类发展指数分析巴西亚马孙地区森林砍伐对人类福祉的影响（Rodrigues *et al.*，2009；Celentano *et al.*，2012）。国家福祉指数（NWI）是在人类发展指数的基础上整合了生态系统服务价值及社会指标（新闻自由）分析了 57 个国家的人类福祉（Vemuri & Costanza，2006）。在国内，潘影等（2012）基于生态系统服务供给和消费量来计算人类福祉；Hou 等（2014）选取合作医疗覆盖率、住房面积、农村收入和支出作为人类福祉评估的指标；也有学者选取人均 GDP 作为表征福祉的参数（王大尚等，2014；任一笑，2013）；还有学者利用农村家庭收入和自然灾害造成的单位面积粮食减产来评估人类福祉（Xu *et al.*，2016）。目前客观福祉的研究存在以下问题：（1）缺乏统一的指标体系；（2）单以 GDP 等经济福祉或社会福祉来衡量，无法准确评估人类福祉。

主客观结合的方法综合了以上二者的不足，更为综合和全面，并且有学者发现主观与客观福祉之间存在相关性（Oswald & Wu，2010）。全球幸福指数（Happy Planet Index，HPI）就是一个主观和客观指标结合的体系，它整合了生活满意度、生命期望和生态足迹等来评估可持续的福祉（King *et al.*，2014）。杨莉等（2010）、代光烁等（2014）和刘秀丽等（2014）均采用问卷调查和半结构访谈评估主观满意度，用统计数据和实测数据来度量客观福祉指标。但以上研究均是基于多指标评估法，并没有区分主观福祉和客观福祉，在指标选取上也存在上述的问题，目前，主客观结合方法还没有得到广泛应用，需要进一步的改进、发展和丰富。

二、生态系统服务和人类福祉关系研究

人类福祉的研究丰富了生态学的内涵，使其从传统的生物与环境的二元关系拓展到包括人与环境、人与生物在内的三元关系（王如松，2004；王博杰和唐海萍，2016），成为生态学发展的新方向（赵士洞，2006）。而其中受到广泛关注和研究的问题就是生态系统服务和人类福祉的关系，这有利于我们更好地处理人与自然的关系。通过对全球生态系统服务和人类福祉研究的文献

计量学分析发现（Wang *et al.*，2021）如下。

从 1992 年到 2004 年，相关出版物的数量缓慢增长，仅占总数的 1.75%。自 2005 年以来，出版物的数量大幅增加，这与千年生态系统评估（MA）是一致的，相关论文的数量增长迅速，平均年增长率为 28.94%。大多数出版物（79.86%）在 2013—2018 年出版（图 1-1）。

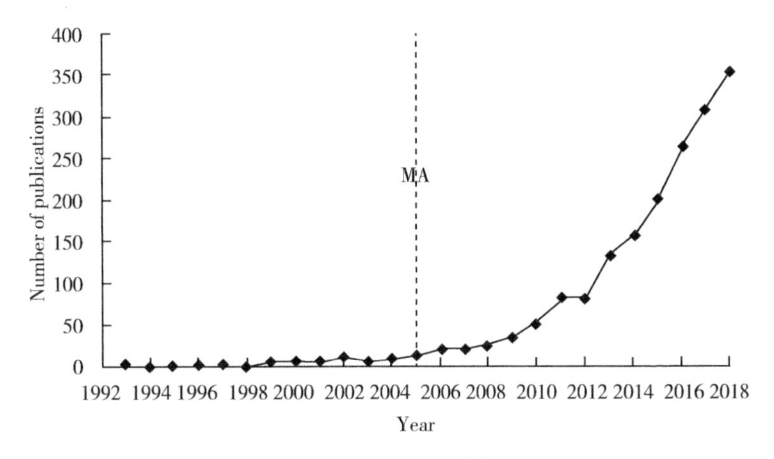

图 1-1　1992—2018 年年出版物数量

Fig. 1-1　Annual number of publications from 1992 to 2018

出版物来自全球 119 个国家，其中美国的出版物数量最多（592 份），以下依次是英国（313 份）、澳大利亚（199 份）、德国（187 份）和中国（164 份）。这些国家/地区主要集中在北美、欧洲、东亚和澳大利亚。美国是第一个在这个领域进行研究的，是最有生产力的国家；然而，墨西哥的中心程度最高（0.86），其次是法国（0.70）、阿根廷（0.67）和日本（0.61），它们在合作网络中扮演着中间角色并具有强大的合作影响力。我们发现，大多数国家之间的学术合作是在 2005 年之后出现的。美国和英国早些时候与其他国家建立了合作关系。近

年来，非洲已开始与墨西哥和肯尼亚密切合作，开展 ES 和 HWB 研究。许多欧洲国家由于地理位置相近而有着密切的合作，如法国、意大利、比利时和西班牙。（图 1-2）。

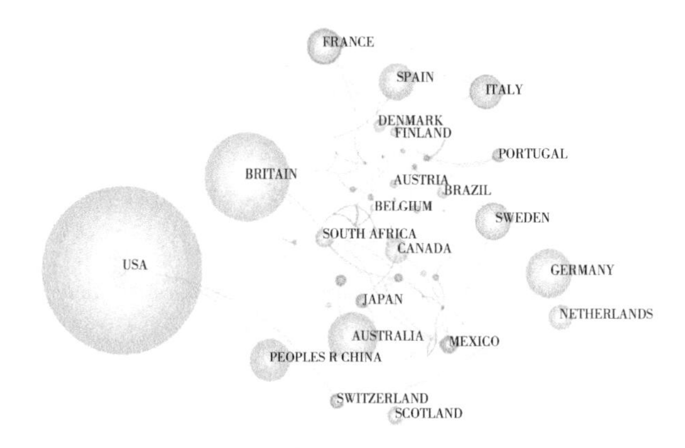

图 1-2 前 50 个最具生产力国家的合作网络

Fig. 1-2 The cooperation network of the top 50 most productive countries

高频突显关键词结果显示，早期研究热点主要集中在生态系统服务的描述和量化，生态系统服务是 2000 年以前的主要内容，其后研究热点开始多样化，包括“生态”（强度：10.59）、“生态系统”（强度：8.97）、“模型”（强度：7.61）和“价值”（强度：11.43）。在 2009—2013 年，“水质”“碳”“脆弱性”“分类”和“付费”等关键词的研究积极展开。2010—2015 年间研究热点为生态系统服务付费和扶贫，近期的研究热点为生态系统服务价值、付费和生态恢复，生态系统服务认知、文化服务和扶贫；而主观福祉在该领域研究中被忽视（图1-3）。

MA 报告的结果表明：60%的生态系统服务正在下降，而人类福祉却有所提升，这个环境悖论引起了科学界的讨论，这也正表现了生态系统服务和人类福祉关系的复杂性。Raudsepp-

keywords	Strength	Begin	End	1992—2018
ecosystem service	4.6737	1999	2002	
water	4.5697	2002	2011	
ecology	10.5915	2002	2014	
dynamics	4.315	2004	2008	
ecosystem	8.969	2006	2013	
model	7.6092	2006	2012	
wetland	8.1115	2006	2013	
diversity	6.8397	2006	2014	
contingent valuation	11.4266	2006	2014	
environmental change	4.0468	2008	2011	
environmental service	5.1494	2008	2014	
resource	5.405	2008	2013	
water quality	4.1827	2009	2013	
vulnerability	6.0467	2009	2013	
economic value	5.9309	2009	2011	
carbon	5.3367	2009	2011	
consequence	4.9191	2010	2011	
classification	7.8	2010	2013	
payment	6.2971	2010	2013	
willingness to pay	7.1466	2010	2013	

keywords	Strength	Begin	End	1992—2018
fishery	7.551	2010	2014	
economic valuation	10.4164	2010	2015	
poverty	7.5025	2011	2015	
benefit transfer	4.529	2012	2013	
tradeoff	5.6636	2012	2013	
coastal	3.3953	2012	2013	
risk	3.3953	2012	2013	
good	3.3953	2012	2013	
restoration	6.0547	2013	2015	
choice experiment	6.554	2014	2015	
metaanalysis	6.0486	2014	2015	
area	4.7393	2015	2018	
cultural ecosystem service	7.1364	2016	2018	
perspective	4.8652	2016	2018	
urbanization	4.57	2016	2018	
poverty alleviation	4.8005	2016	2018	
green infrastructure	7.862	2016	2018	
knowledge	10.1207	2016	2018	
park	6.7348	2016	2018	
conceptual framework	4.9669	2016	2018	

图 1-3　1992—2018 年高频突显的前 40 个关键词

Fig. 1-3　Top 40 keywords with the strongest citation bursts from 1992 to 2018

Hearne *et al.* （2010b）提出假设认为悖论产生的可能原因是对人类福祉的错误评估，MA 将人类福祉定义为 5 个部分，然而在评估时由于数据获取的限制采用了 HDI 来度量人类福祉，而 HDI 并不能包含整个福祉的 5 个组成部分，因此造成错误评估，或者是全球平均福祉上升的结果掩盖了部分人口福祉下降的趋势（Raudsepp-Hearne *et al.*，2010b）。虽然最后假设被拒绝，但也有学者认为使用多指标评估人类福祉的结果可能不同，并且需要对不同尺度下，不同群体的福祉开展进一步研究（Duraiappah，2011）。

MA 第一次将生态系统服务和人类福祉相联系，并建立了生态系统服务与人类福祉的关系框架，其中表示了 4 种生态系统服务类型（供给、调节、文化和支持服务）与人类福祉的 5 个组成要素（基础物质需求的满足、安全、健康、良好的社会关系及自由与选择）之间的相互关系（MA，2005）。但 MA 提出的概念框架只是简单描述了生态系统服务和人类福祉的关联，为研究者开启了认知二者关系的大门，还需要更多的实证研究加以验

证和完善。Pereira *et al.*（2005）对葡萄牙山地区的调查结果发现梯田退耕、人口减少导致当地食物生产和文化服务降低，对福祉产生了负面影响，并且发现随着当地居民寻找服务替代物的增加，福祉和一些服务之间的关系逐渐减弱；Suneetha 等（2011）对印度尼西亚、中国和日本的案例研究分析了人类福祉对生态系统服务依赖性的变化；Abunge 等（2013）聚焦肯尼亚当地海洋渔业特点，建立渔业供给服务和人类福祉之间的联系；Santos-Martín 等（2013）利用结构方程模型阐明国家尺度上生态系统服务与人类福祉关系，发现人类福祉与供给服务间为正相关关系，而与调节服务为负相关关系；Hou 等（2014）同样基于 DPSIR 框架探究社会经济因素对生态系统服务、生物多样性和人类福祉的影响；Bieling 等（2014）通过面对面访谈的方法得到文化服务对福祉的重要性。Hossain 等（2017）在孟加拉国西南沿海地区的研究表明供给服务和物质福祉呈正相关关系。Qiu 等（2022）利用结构方程模型量化了生态系统服务供需关系（ESDR）与人类福祉之间的影响路径，供给和调节服务直接影响人类福祉，通过影响 ESDR 间接影响福祉。在国内，研究多集中在生态系统服务变化对人类福祉的影响（杨莉等，2010；潘影等，2012；刘秀丽等，2014；刘家根等，2018）。在研究方法上，已有研究从利益相关者角度出发，利用参与式农村评估（PRA）和问卷调查的方法确定与福祉最为相关的生态系统服务（杨莉等，2010；徐建英等，2018；Jones *et al.*，2019）；利用因子分析、回归分析、结构方程模型等多元统计分析方法定量化生态系统服务和人类福祉的关系（Hou *et al.*，2014；Yang *et al.*，2019；Qiu *et al.*，2022）；也有研究利用蛛网图等分析二者的空间关联（王大尚等，2014；Wang *et al.*，2017；Wei *et al.*，2018）；另外，基于经济学视角，已有研究利用计量经济学模型验证生态系统服务空间流转和居民福祉是否存在因果关系（乔旭宁等，2017）。

明确生态系统服务和人类福祉的关系是采取管理措施实现区域可持续发展的基础（MA，2005；Ciftcioglu，2017；郑华等，2013）。目前大多数研究还只是停留在人类福祉与生态系统服务联系的描述与概念分析（Butler & Oluoch-Kosura，2006；Smith *et al.*，2013；李琰等，2013），仅有部分研究基于生态系统服务和人类福祉的关系模式初步提出区域发展的管理策略（王大尚，2014），亟须推进生态系统服务和人类福祉由理论到管理实践的研究。

第二章　怀来山盆系统生态系统服务研究

生态系统服务定量评估是生态系统服务研究的基础。量化生态系统服务，进而分析其时空格局及权衡/协同关系，将有助于多种生态系统服务的可持续利用及空间管理（郑华等，2013）。前人的研究大量集中在流域生态系统服务的评估及权衡/协同关系（Bai *et al.*，2011；Butler *et al.*，2013；Delgado & Marín，2016；肖玉等，2003；王蓓等，2016），对山盆系统这种地貌类型的生态系统服务研究还较为缺乏（Fu *et al.*，2015；Xu *et al.*，2016），而复杂的山地-盆地复合系统会导致生态系统服务空间上较大的异质性。为此，本章基于2005—2015年的统计数据和空间数据，以遥感和地理信息技术为支撑，选取8项关键的生态系统服务，尝试探索以下几个问题：（1）量化怀来山盆系统的生态系统服务，并分析其空间分布特征，揭示地理地貌差异对生态系统服务量的影响；（2）分析10年间怀来县生态系统服务的变化动态；（3）确定生态系统服务间的相互关系。

第一节　生态系统服务评估及时空格局

一、数据来源与预处理

气象数据（气温、降水、日照等）来自中国气象数据网

(http://data.cma.cn/)，数据为ASCII码格式。怀来县气象观测站点较少，故本研究选取怀来县及周边气象站点，站点基本情况如表2-1所示。因气候要素受山盆系统的地形地貌影响，本文利用克里金插值法结果与气候要素和地理要素（经度、纬度和海拔高度）回归结果的均值，制作2005—2015年研究区的逐月气温、降水和太阳总辐射空间栅格数据。土壤数据来源于怀来县农业局的第二次土壤普查数据。DEM数据来源于中国科学院计算机网络信息中心国际科学数据镜像网站（http://www.gscloud.cn/）。逐月NDVI数据为16天合成的MODIS NDVI数据产品（https://lpdaac.usgs.gov/），空间分辨率为250m，利用Modis Reprojection Tool（MRT）批处理重投影NDVI数据。

表2-1 怀来县及周边气象站点基本情况

Table 2-1 The basic informaton of Huailai County and surrounding weather stations

编号	站点名称	经度（°）	纬度（°）	海拔（m）	编号	站点名称	经度（°）	纬度（°）	海拔（m）
1	北京（城区）	116.28	39.48	31.3	7	张北	114.42	41.09	724.2
2	延庆	115.58	40.27	487.9	8	承德	117.57	40.59	385.9
3	密云	116.52	40.23	71.8	9	围场	117.45	41.56	842.8
4	怀来	115.30	40.24	536.8	10	蔚县	114.34	39.50	909.5
5	张家口	114.53	40.47	139.33	11	遵化	117.57	40.12	54.9
6	丰宁	116.38	41.13	661.2	12	廊坊	116.23	39.07	13.7

二、生态系统服务评估

结合研究区的实地考察、政策背景及前人研究成果，兼顾生态、生产与生活，选取粮食生产、蔬菜生产、肉类产量、果品供

给、土壤保持、碳固定、生境质量和自然娱乐这8项关键生态系统服务作为研究对象。怀来县位于农牧交错带南缘，农业产值占农林牧渔总产值的63.34%，牧业占30.93%。受山盆系统地貌特征影响，农业生产结构在空间上呈现出较大的异质性，水果生产（葡萄、八棱海棠、石片黄杏等）是怀来县的特色产业。随着人口的增加，天然植被受到人为干扰增强，动、植物的栖息地受到破坏，生物多样性锐减（娄安如，2001；赵云龙，2004）。南北两山以林地为主，在黄龙山、天皇山、老君山、水口山、白龙潭等处设有景区，具有丰富的森林旅游资源，以森林面积比例来表征自然娱乐。研究区内的低山丘陵和中山山地坡度较陡，水土流失的风险高，是水土保持重点治理区，被列为京津风沙源治理工程的重点县（娄安如，2001；杨莉琳等，2004；钟华，2014；许颖和唐海萍，2015）。在京津冀协同发展的背景下，怀来县着力实施发展包括葡萄、高新技术、现代物流、休闲旅游和生态农业在内的五大主导产业，并于2016年9月被纳入国家重点生态功能区。

供给服务包括粮食生产、蔬菜生产、肉类产量、果品供给，根据怀来县统计年鉴，以乡镇为基本单位，进行估算。土壤保持的估算基于修正通用水土流失方程（RUSLE）（Renard *et al.*，1991）。碳固定的估算选取植物净初级生产力（Net Primary Productivity，NPP）作为指标来表征，NPP可以直接反映植被群落的生产能力，具体指光合作用产生的有机质总量中扣除自养呼吸后剩余的部分，本文基于改进的CASA模型（朱文泉等，2007）计算研究区NPP。生境质量利用InVEST模型（Integrated Valuation of Ecosystem Services and Tradeoffs）的生境质量模块进行评估。本研究以森林面积比例作为评估自然娱乐的指标，森林面积比例越大，自然观赏价值就越高（Raudsepp-Hearne *et al.*，2010a；吴健生等，2015）。

1. 土壤保持

RUSLE 模型由美国农业部创建，在径流小区观测数据的基础上，推导得到土壤侵蚀计算方程，该模型可靠性大，通用性强，并且具有良好的研究基础。本章利用 RUSLE 模型模拟潜在土壤侵蚀量和实际土壤侵蚀量，二者之差即为土壤保持量。计算公式如下：

$$SC = A_p - A_r$$
$$A_p = R \times K \times LS$$
$$A_r = R \times K \times LS \times C \times P \qquad 式（2-1）$$

式中，SC 为单位面积土壤保持量（$t \cdot hm^{-2} \cdot a^{-1}$）；$A_p$ 为潜在土壤侵蚀量（$t \cdot hm^{-2} \cdot a^{-1}$）；$A_r$ 为实际土壤侵蚀量（$t \cdot hm^{-2} \cdot a^{-1}$）；$R$ 为降水侵蚀力因子（$MJ \cdot mm \cdot hm^{-2} \cdot h^{-1} \cdot a^{-1}$）；$K$ 为土壤可蚀性因子（$t \cdot hm^{2} \cdot h \cdot hm^{-2} \cdot MJ^{-1} \cdot mm^{-1}$）；$L$ 为坡长因子；S 为坡度因子；LS 合称为地形因子；C 为植被覆盖因子；P 为土壤侵蚀控制措施因子。其中，LS 、C 和 P 因子均为无量纲变量。具体模型参数的计算方法如表 2-2 所示。

表 2-2　RUSLE 模型的参数及计算方法

Table 2-2　Parameters and its calculation methods of RUSLE model

参数	计算方法
降水侵蚀力因子 R（Fournier，1960）	$R = \sum_{i=1}^{12} 1.735 \times 10^{[1.5 \times \log 10(P_i^2/P) - 0.8188]}$　式（2-2） 式中，P_i 为第 i 个月的降水，P 为年降水量
土壤可蚀性因子 K（Williams *et al.*，1983；门明新等，2004）	根据门明新等（2004）的计算结果，依据土壤类型进行赋值

（续表）

参数	计算方法
地形因子 LS（Wischmeier and Smith，1978；邓辉等，2013）	$L = (\lambda/22.13)^m$ 式（2-3） 式中，λ 为坡长，T 为坡长指数，22.13 是 RUSLE 采用的标准小区坡长（m）。坡长指数 $A_p = R \times K \times LS$，根据坡度值 θ（°）确定 $m = \begin{cases} 0.2 & \theta > 0.57^\circ \\ 0.3 & 0.57^\circ \leqslant \theta < 1.72^\circ \\ 0.4 & 1.72^\circ \leqslant \theta < 2.96^\circ \\ 0.5 & \theta \geqslant 2.96^\circ \end{cases}$ $S = \begin{cases} 10.8\sin\theta + 0.03 & \theta < 5^\circ \\ 16.8\sin\theta - 0.5 & 5^\circ \leqslant \theta \leqslant 10^\circ \\ 21.91\sin\theta - 0.96 & \theta > 10^\circ \end{cases}$
植被覆盖因子 C（蔡崇法和丁树文，2000）	$C = \begin{cases} 1 & f < 0.1 \\ 0.6508 - 0.3436\lg f & 0.1 \leqslant f \leqslant 0.783 \\ 0 & f < 0.783 \end{cases}$ 式（2-4） 式中，f 是植被覆盖度（%）。利用 2005、2010、2015 年植被生长季（5—9 月）的 *NDVI* 均值计算植被覆盖度，计算方法参见文献（Maas，1998）。利用 ENVI5.1 中的 Band math 工具计算得到植被覆盖因子
土壤侵蚀控制措施因子 P（游松财和李文卿，1999；Xu *et al.*，2017）	参考游松财和李文卿（1999）、Xu 等（2017）将坡度在 10°~15°、15°~20°、20°~25°3 个区间内耕地和园地的 R 因子分别赋值为 0.305、0.575 和 0.705，其他坡度范围内的耕地和园地，以及其他土地利用类型的 R 因子均赋值为 1

2. 碳固定

基于 CASA 模型估算研究区 *NPP*，*NPP* 主要由植被所吸收的光合有效辐射（*APAR*）及光能利用率（ε）两个因子来确定（朱文泉等，2007），公式如下：

$$NPP = (x, t) = APAR(x, t) \times \varepsilon(x, t) \quad \text{式 (2-5)}$$

式中，$NPP(x, t)$ 为 t 时间内在像元 x 处的净初级生产力 [gC/(m^2 · a)]；$APAR(x, t)$ 为 t 时间在像元 x 处所吸收的光合有效辐射（MJ/m^2）；$\varepsilon(x, t)$ 为 t 时间在像元 x 处的光能利

用率（gC/MJ）。

光合有效辐射是通过植被对红外和近红外的反射来实现的，它取决于太阳总辐射量和植被自身的特征，可以表达为：

$$APAR(x, t) = SOL(x, t) \times FPAR(x, t) \times 0.5$$

式（2-6）

式中，$SOL(x, t)$ 为 t 时间在像元 x 处的太阳总辐射量（MJ/m^2）；$FPAR(x, t)$ 是植被对入射光合有效辐射吸收的百分比，无单位；0.5 为常数，表示植被所能利用的光合有效辐射占总辐射的比例。

FPAR 与 *NDVI* 和指数比率（*SR*）之间都存在线性关系（朱文泉等，2007）。有研究指出分别利用 *NDVI* 和 *SR* 估算的 *FPAR* 误差较大，通过计算两个指数的平均值可以减小误差（Los，1998）。因此，得到 *FPAR* 的计算公式如下：

$$FPAR_{NDVI}(x, t) = \frac{[NDVI(x, t) - NDVI_{i, min}]}{(NDVI_{i, max} - NDVI_{i, min})} \times (FPAR_{max} - FPAR_{min}) + FPAR_{min}$$

$$FPAR_{SR}(x, t) = \frac{[SR(x, t) - SR_{i, min}]}{(SR_{i, max} - SR_{i, min})} \times (FPAR_{max} - FPAR_{min}) + FPAR_{min}$$

$$SR(s, t) = \frac{1 + NDVI(x, t)}{1 - NDVI(x, t)}$$

$$FPAR = (FPAR_{NDVI} + FPAR_{SR}) / 2$$

式（2-7）

式中，$NDVI(x, t)$ 为 t 时间在像元 x 处的 *NDVI*，$NDVI_{i, min}$、$NDVI_{i, max}$、$SR_{i, min}$ 和 $SR_{i, max}$ 分别对应第 i 种植被类型的 *NDVI* 和 *SR* 的最小值和最大值，$FPAR_{max}$ 和 $FPAR_{min}$ 分别为 0.95 和 0.001。其中 $NDVI_{i, max}$ 和 $SR_{i, max}$ 根据逐月 *NDVI* 数据统计得到，$NDVI_{i, min}$ 和 $SR_{i, min}$ 参照朱文泉（2007）中的参数设置。

光能利用率是植被将光合有效辐射转化为存储的有机物化学

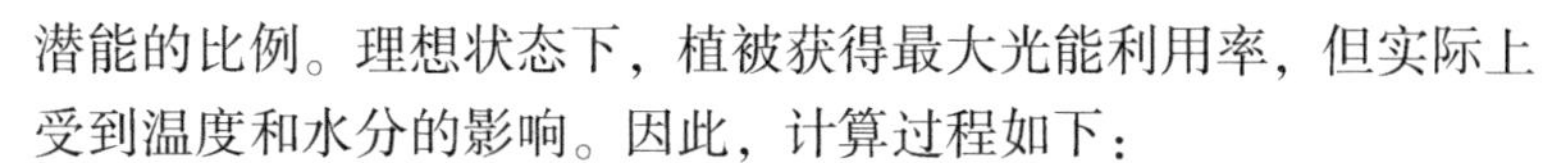

潜能的比例。理想状态下，植被获得最大光能利用率，但实际上受到温度和水分的影响。因此，计算过程如下：

$$\varepsilon(x,\ t) = T_{\varepsilon1}(x,\ t) \times T_{\varepsilon2}(x,\ t) \times W_{\varepsilon}(x,\ t) \times \varepsilon_{max}$$

式（2-8）

其中，$T_{\varepsilon1}(x,\ t)$ 和 $T_{\varepsilon2}(x,\ t)$ 分别为低温和高温对植被光能利用率的影响系数，$W_{\varepsilon}(x,\ t)$ 为水分胁迫系数，ε_{max} 为植被在理想状态下的最大光能利用率（gC/MJ），取值参考朱文泉（2007）提出的参数。

3. 生境质量

利用 InVEST 3.2.0 模型的生物多样性模块评估生境质量，该方法主要是通过计算威胁源对生境的影响，得到生境退化程度，进而再利用生境适宜情况和退化程度计算生境质量（陈妍等，2016）。该模型输入土地利用数据、威胁图层、威胁因素得分以及土地利用对每种威胁的敏感性数据，得到生境质量指数。计算公式如下：

$$Q_{xj} = H_j\left(1 - \left(\frac{D_{xj}^z}{D_{xj}^z + k^z}\right)\right) \qquad \text{式（2-9）}$$

式中，Q_{xj} 是土地利用与覆盖类型 j 中栅格 x 的生境质量；H_j 是土地利用与覆盖类型 j 的生境属性；k 是半饱和常数；z 值为模型默认参数；D_{xj} 是土地利用与覆盖类型 j 栅格 x 的生境退化程度，计算公式如下：

$$D_{xj} = \sum_{r=1}^{R}\sum_{y=1}^{Y_r}\left(\frac{\omega_r}{\sum_{r=1}^{R}\omega_r}\right) r_y i_{rxy} \beta_x S_{jr} \qquad \text{式（2-10）}$$

$$i_{rxy} = 1 - \left(\frac{d_{xy}}{d_{r\max}}\right)\ \text{（线性）} \qquad \text{式（2-11）}$$

$$i_{rxy} = \exp\left[-\left(\frac{2.99}{d_{r\max}}\right) d_{xy}\right]\ \text{（指数）} \qquad \text{式（2-12）}$$

式中，r 是生境的威胁源，本文选取主要交通干道、农村居民点、城镇用地、耕地和园地作为威胁源；ω_r 是 r 威胁源的权重；y 是威胁源 r 中的栅格；r_y 威胁源强度；β_x 是栅格 x 的可达性水平；S_{jr} 土地利用与覆盖类型 j 对威胁源 r 的敏感程度；i_{rxy} 是威胁源 r 对栅格 x 产生的影响；d_{xy} 是栅格 x（生境）与栅格 y（威胁源）的距离；$d_{r\max}$ 是威胁源 r 的影响范围。

模型中的主要参数，包括威胁源的权重及其影响范围、土地利用类型对威胁源的敏感度，参数值的确定遵循以下原则。

①越接近自然的生境适宜度越高，纯人工环境（城镇、交通道路等）适宜度为 0。

②复杂生态系统具有较强的自我恢复能力，因此，系统越复杂，对威胁的敏感性越低。

③参考 InVEST 3.2.0 模型使用说明中的推荐值（Tallis *et al.*，2013），以及相关文献（荣月静等，2016；陈妍等，2016；钟莉娜等，2017），并结合研究区具体情况对参数进行调整。

4. 产品供给服务

依据研究区的产业特征，选取粮食生产、蔬菜生产、肉类生产和果品供给 4 项供给服务。由于资料所限，以乡镇行政单元作为基本单位，分别采用各乡镇单位土地面积的粮食（玉米、谷子等）产量（t/hm^2）、单位土地面积的蔬菜产量（t/hm^2）、单位土地面积的肉类产量（t/hm^2）和单位土地面积的水果产量（t/hm^2）来表征以上 4 项服务。

5. 自然娱乐服务

以森林面积比例作为评估自然娱乐的指标，以乡镇行政边界，提取土地利用数据中的林地，得到各乡镇的林地面积。计算林地面积占乡镇总面积的比例作为各乡镇自然娱乐服务的值。

三、生态系统服务时空格局

1. 碳固定

基于 CASA 模型，分别计算出 2005 年、2010 年、2015 年怀来县的净初级生产力（图 2-1）。由图可见，在空间分布上，怀来县碳固定服务总体上呈现南北山地和丘陵较高、中部平原较低的分布特征，主要是由于山地丘陵区以乔木和灌木林地为主，而平原区多为农田和果园。在年际间，主要表现为南北山地区的碳固定服务有所增加，与当地生态保育及封山育林有关。2015 年平原区官厅水库上游及周边碳固定服务也表现为增加，主要是由于果树种植面积的增加。

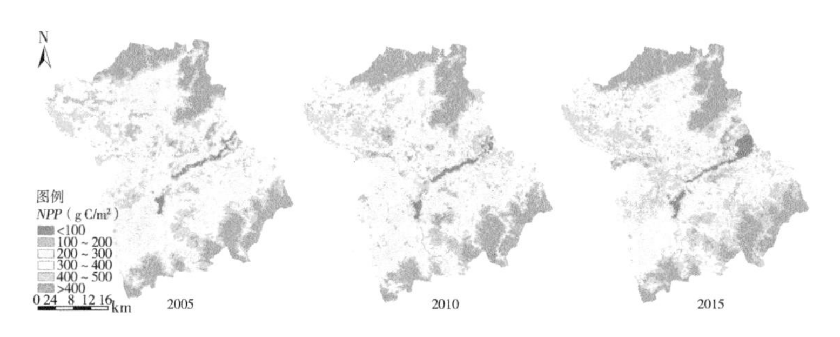

图 2-1　怀来县 2005 年、2010 年和 2015 年净初级生产力（*NPP*）空间分布

Fig. 2-1　Spatial distribution of NPP in the year of 2005、2010 and 2015 in Huailai county

在时间尺度上，2005 年、2010 年和 2015 年的年均 *NPP* 分别为 367.39gC/（m^2 · a）、373.48gC/（m^2 · a）和 403.42gC/（m^2 · a），*NPP* 总量分别为 656 529.6 tC、667 412.5 tC 和 720 915.6tC，呈现增加的趋势。由 2005 年、2010 年和 2015 年逐月 *NPP* 值（图 2-2）可知，*NPP* 在全年呈现先上升后下降的单峰分布，这与该区植物生长的趋势基本一致，2005 年、2010 年

和 2015 年 *NPP* 均在 7 月达到最大值，分别为 101. 62gC/（m^2·month）、94. 78gC/(m^2·month)和107. 42 gC/（m^2·month），这与该月水热条件适宜有关，是植被生长的旺盛期。

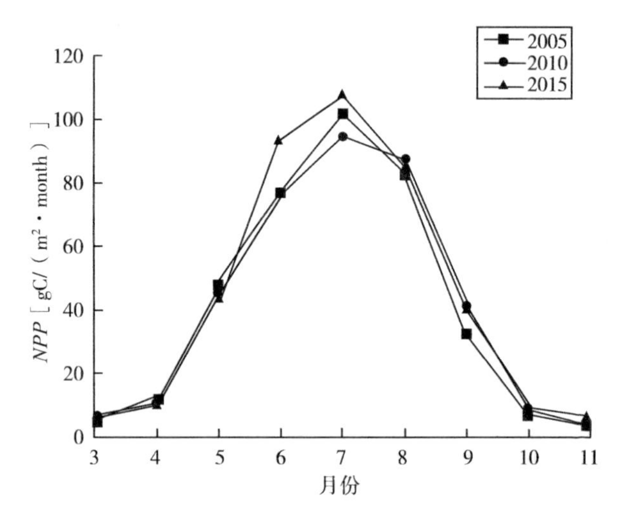

图 2-2　怀来县 2005 年、2010 年和 2015 年 *NPP* 逐月变化

Fig. 2-2　Monthly changes of NPP in the year of 2005、2010 and 2015 in Huailai county

将本文 *NPP* 的模拟结果与河北地区其他研究估算结果相对照，刘勇洪等（2010）利用 NOAA-AVHRR 数据估算华北植被的 *NPP*，结果表明 2007 年河北省大部分植被 *NPP* 范围为 200~800gC/（m^2·a）；许旭（2011）利用光能利用率模型估算河北省 *NPP* 的结果表明，2000—2009 年河北省 *NPP* 值范围为 0~1 010. 36 gC/（m^2·a）；王璐珏（2012）利用 CASA 模型估算了 2001 年河北省净初级生产力，全省 *NPP* 值范围为 0~608gC/(m^2·a)，多数地区的 *NPP* 值范围为 200~400gC/（m^2·a）；王李娟等（2010）利用 BIOMEBGC 模型估算了 2002—2006 年全国

NPP，结果表明，河北省 *NPP* 值范围为 0~700gC/（m^2·a）。由于不同研究的时间、数据源及模型不同，计算结果有所不同，但与本研究结果差异不大，可认定本研究的结果是可信的。

2. 土壤保持

基于 RUSLE 模型，分别计算 2005 年、2010 年、2015 年怀来县的土壤保持量（图 2-3）。在空间分布上，由于生态系统类型在空间上的不同导致土壤保持存在空间上的差异，不同时期的土壤保持均表现为南北山地区较高、中部平原区较低的分布特征。另外，随着时间的推移，北部山区的高土壤保持量的分布不断增加。在时间上，2005—2015 年，土壤保持量表现为增加的趋势，前 5 年的土壤保持增加缓慢，单位面积土壤保持量由 116.92 t/（hm^2·a）增加到 129.93 t/（hm^2·a），而 2010—2015 年增加明显，由 129.93 t/（hm^2·a）增加到 164.57 t/（hm^2·a），增加量为 34.64 t/（hm^2·a）（图 2-4）。

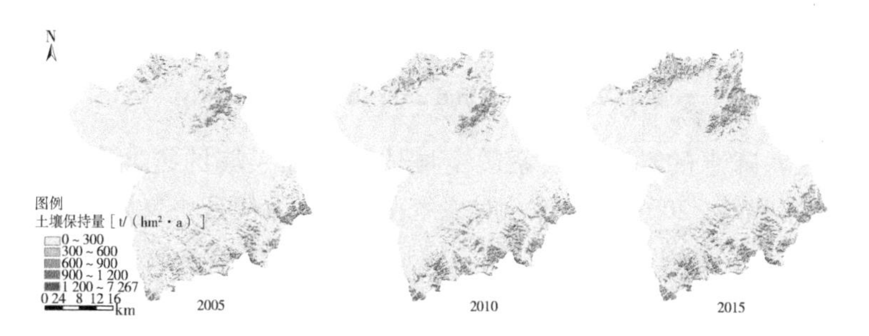

图 2-3　怀来县 2005 年、2010 年和 2015 年土壤保持空间分布

Fig. 2-3　Spatial distribution of soil retention in the year of 2005、2010 and 2015 in Huailai county

京津风沙源治理、京津水源保护林、生态防护林等生态工程的实施增加了植被覆盖率，增加了土壤保持。植被对土壤保持具有重要的作用，尤其在丘陵山地等坡度较大的地区，植被通过冠

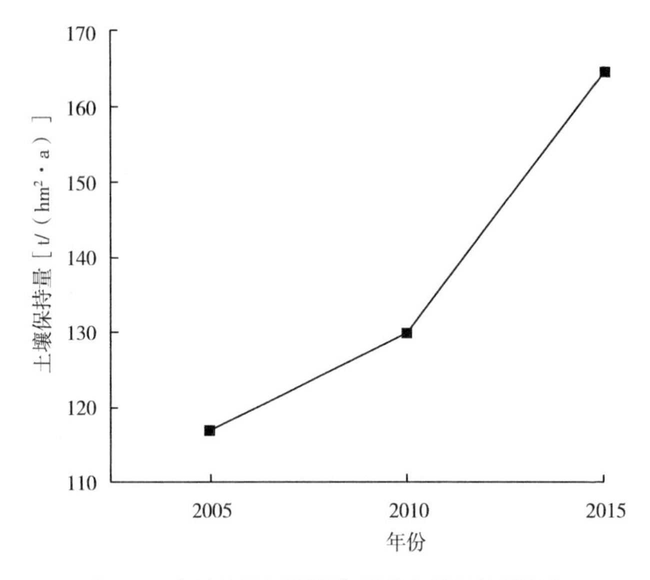

图 2-4　怀来县不同时期年平均土壤保持量变化

Fig. 2-4　Changes of annual soil retention in the year of 2005、2010 and 2015 in Huailai county

层减弱降水的动能、根系固定坡体来增加土壤的抗冲击性能（李占斌等，2008）。怀来山盆系统南北山地丘陵区主要分布着林地和灌丛/草地，土壤保持能力较强，而封山育林等生态保育措施的实施也增加了山地区的土壤保持服务。土壤保持服务可持续的供给和提升是目前发展的重点，人工林的建植增加了植被的覆盖度，对土壤保持的提升具有一定作用。复合群落较单一种群更有利于占据更多的生态位，营建混交林更有利于人工林的稳定性（盛炜彤，2001；夏静芳，2012）。怀来县人工林的建植多以油松等单一树种为主，不利于造林的稳定性，发展林下植被，乡土树种优先，在土层较薄的区域建植人工草场，可以进一步提升土壤保持服务。

3. 生境质量

生境质量得分的高低反映了该土地覆盖类型栅格单元适于生物生存的程度。将生境得分进行分级处理及统计，得到2005年、2010年和2015年的生境质量服务情况（表2-3，图2-5）。

表2-3　2005年、2010年和2015年怀来县生境质量得分统计

Table 2-3　Habitat quality score in the year of 2005、2010 and 2015 in Huailai county

区间代码	区间取值	2005		2010		2015		2005—2015百分比变化（%）
		面积（hm^2）	百分比（%）	面积（hm^2）	百分比（%）	面积（hm^2）	百分比（%）	
1	0~0.2	53 925.21	30.23	41 459.58	23.24	41 022.63	22.99	-7.23
2	0.2~0.4	25 104.96	14.07	36 125.55	20.25	39 343.77	22.05	7.98
3	0.4~0.6	13.68	0.01	2.25	0.00	21.15	0.01	0.00
4	0.6~0.8	59 275.71	33.23	55 278.54	30.99	50 434.65	28.27	-4.96
5	0.8~1	40 078.8	22.47	45 525.06	25.52	47 576.16	26.67	4.20

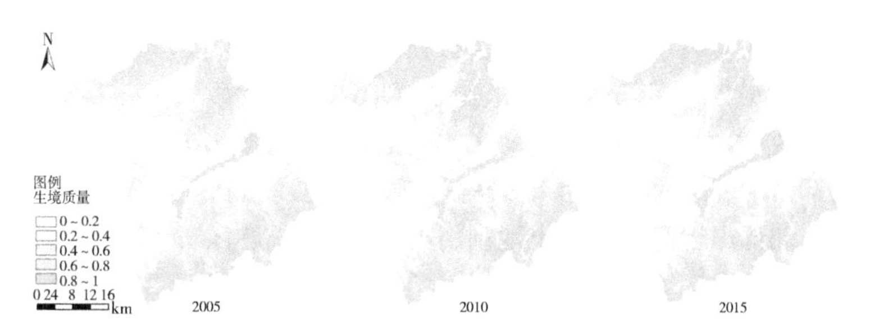

图2-5　怀来县2005年、2010年和2015年生境质量空间分布

Fig. 2-5　Spatial distribution of habitat quality in the year of 2005、2010 and 2015 in Huailai county

2005年怀来县生境质量的平均得分为0.59。生境质量得分在 0. 6~0. 8 区间的比例最大，占到研究区总面积的 33. 23%，得分在 0. 8~1 区间的面积为 40 078. 8 hm^2，占总面积的 22. 47%。

生境质量较高区主要集中分布于南北山地及官厅水库。2010 年怀来县生境质量的平均得分为 0. 61，较 2005 年有所增加。得分在 0. 8~1 区间的面积为 45 525. 06 hm^2，占全县总面积的 25. 52%，较 2005 年增加了 3. 05%；0~0. 2 区间的面积比例为 23. 24%，与 2005 年相比减少了 6. 99%。生境质量较差的面积比例减小，而生境质量高的面积比例增加，使得怀来县总的生境质量得到了改善。2015 年怀来县生境质量的平均得分仍保持在 0. 61，其中 0. 8~1 区间的面积为 47 576. 16 hm^2，占全县总面积的 26. 67%，较 2010 年增加了 1. 15%，得分在 0~0. 2 区间的面积比例为 22. 99%，较 2010 年减少了 0. 25%。2005—2010 年生境质量改善较大，2010—2015 年生境质量改善缓慢，2005—2015 年得分在 0~0. 2 和 0. 6~0. 8 的区间所占比例分别减少了 7. 23%和 4. 96%，而 0. 2~0. 4 和 0. 8~1 区间所占比例分别增加了 7. 98%和 4. 2%。

4. 自然娱乐

以乡镇为基本单元，怀来县 2005 年、2010 年和 2015 年的自然娱乐服务空间分布如图 2-6 所示。

由图 2-6 可知，怀来县 2005—2015 年自然娱乐分布情况基本一致，均表现为北部山地区的乡镇自然娱乐服务较高，其次是南部山地和丘陵区的乡镇，河谷平原带的乡镇自然娱乐服务最低。北部山地区的主要土地利用类型为林地，并有水口山、白龙潭和黄龙山庄等林场和休闲娱乐场所，自然娱乐服务高。在乡镇中，2005 年王家楼乡的森林面积所占比例最大，其次是存瑞镇和瑞云观乡，分别为 50. 20%、43. 79%和 42. 34%；森林娱乐服务较差（0%~10%区间）的乡镇较多，集中在河谷平原，分别为沙城镇、桑园镇、大黄庄镇、西八里镇、东八里乡、土木镇、狼山乡和鸡鸣驿乡。2010 年王家楼乡和存瑞镇的自然娱乐服务

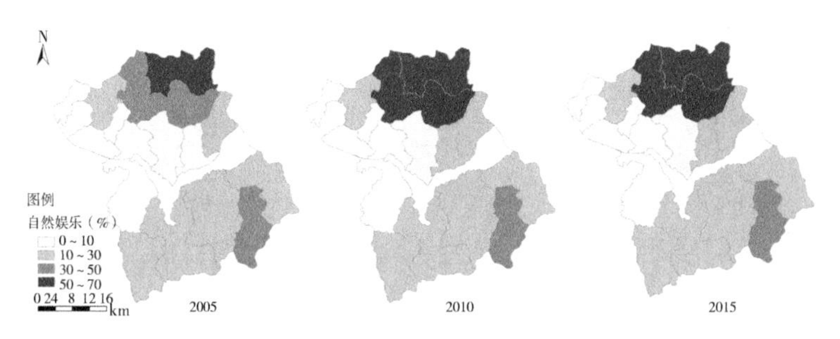

图 2-6　怀来县 2005 年、2010 年和 2015 年自然娱乐空间分布

Fig. 2-6　Spatial distribution of natural recreation in the year of 2005、2010 and 2015 in Huailai county

最高，并且较 2005 年得到提升，森林面积所占比例达到 70%和 65.70%。2015 年自然娱乐服务分布格局与 2010 年一致，其中，王家楼和存瑞镇森林面积所占比例仍最高，但与 2010 年相比有所下降，分别为 66.66%和 51.30%。在 2005—2015 年，怀来县森林面积所占比例表现为增加的趋势。

5. 粮食生产

以乡镇为基本单元，怀来县 2005 年、2010 年和 2015 年粮食生产服务的空间分布如图 2-7 所示。怀来县 2005 年、2010 年和 2015 年的粮食产量空间格局基本一致，均呈现为西北部河谷平原较高，而南部山地丘陵区较低。东八里乡和西八里乡是粮食产量最高的乡镇；而官厅水库南部的瑞云观乡、孙庄子乡、官厅镇和小南辛堡镇的粮食产量较低，这与土壤类型及地貌类型有关，河谷平原地势平坦，土壤适宜耕种，产量较高，而南部丘陵的大部分区域土壤养分较低，主要为园地和灌丛/草地，粮食产量较低。

在时间上，统计怀来县的粮食总产量，得到 2005—2015 年的粮食产量变化，如图 2-8 所示。

由图 2-8 可知，10 年间粮食的年平均产量为 10.18 万吨，

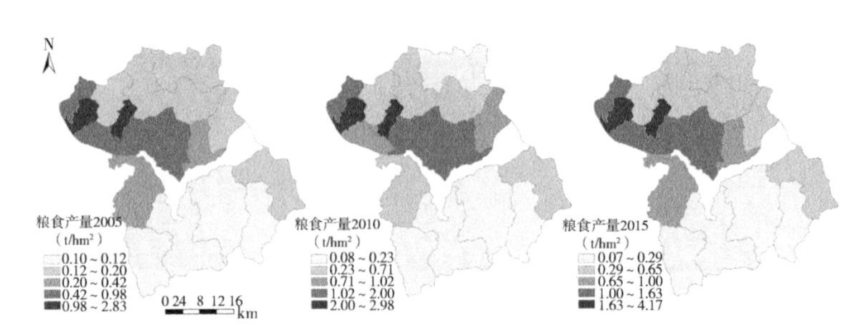

图 2-7　怀来县 2005 年、2010 年和 2015 年粮食生产空间分布

Fig. 2-7　Spatial distribution of crop production in the year of 2005、2010 and 2015 in Huailai county

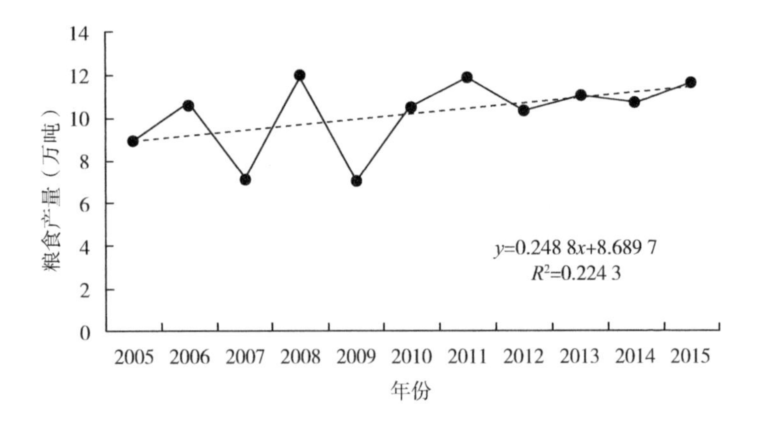

图 2-8　2005—2015 年怀来县粮食产量变化

Fig. 2-8　Changes of crop production during 2005 to 2015 in Huailai county

2008 年粮食产量最高，为 11. 99 万吨，2009 年粮食产量最低，仅为 7. 05 万吨。2005—2015 年怀来县的粮食总产量总体呈现增加的趋势，主要分为两个阶段，2005—2010 年间粮食产量的波动较大，由 8. 94 万吨增加到 10. 51 万吨，增幅为 17. 52%，粮食

产量平均年变化率为 12.35%，最大年变化率为 68.03%；2010—2015 年粮食产量的波动减小，增加到 11.6 万吨，增幅为 10.77%，年平均变化率为 2.49%，最大年变化率为 5.99%。造成前 5 年较大波动的原因可能是降水量在年际间的差异，2005 年、2007 年和 2009 年的粮食产量较低，其年均降水量均低于 1954—2015 年的平均降水量（392.3mm），其中 2009 年的降水量最低，为 305.5mm。

6. 蔬菜生产

以乡镇为基本单元，怀来县 2005 年、2010 年和 2015 年蔬菜生产服务的空间分布如图 2-9 所示。在空间上，怀来县 2005—2015 年的蔬菜生产呈现为西北部河谷平原较高，而官厅水库以南较低。在各乡镇中，西八里乡、东八里乡和大黄庄镇的蔬菜生产最高，而南部山地丘陵区的官厅镇和孙庄子乡最低。在

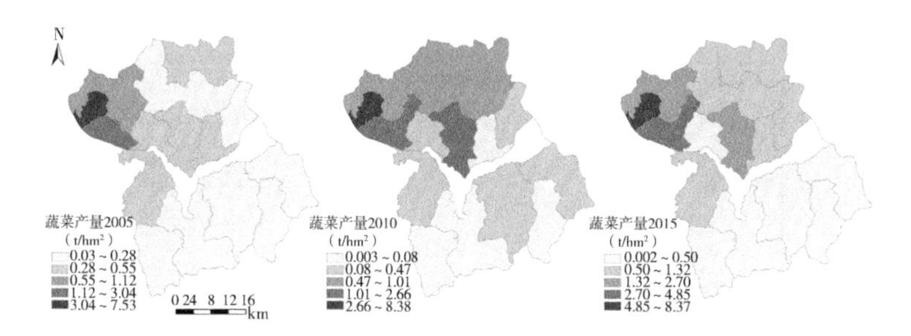

图 2-9　怀来县 2005 年、2010 年和 2015 年蔬菜生产空间分布

Fig. 2-9　Spatial distribution of vegetable production in the year of 2005、2010 and 2015 in Huailai county

不同时期北部山地区的蔬菜产量有所增加。西北部河谷平原地势平坦、土壤适宜耕种，而南部丘陵山地的大部分地区土层较薄，土壤养分含量低，产量较低。因此，在范式的建立中，因地制宜，发挥各功能带的优势，是生态系统服务管理的关键，利用种

植新技术、培育新品种等来实现高产区蔬菜可持续的供给，满足该区以及周边地区的服务需求。

在时间上，怀来县2005—2010年的蔬菜产量变化如图2-10所示。10年间蔬菜的年平均产量为12.25万吨，2015年蔬菜产量最高，为17.78万吨；2007年蔬菜产量最低，仅为8.89万吨。2005—2015年怀来县的蔬菜总产量总体呈现增加的趋势，主要分为两个阶段，2005—2010年间蔬菜产量存在一定波动，由9万吨增加到11.05万吨，增幅为22.73%，蔬菜产量平均年变化率为5.33%，最大年变化率为21.31%；2010—2015年蔬菜产量增长趋势明显，增幅为60.83%，年平均变化率为10.13%，最大年变化率为15.75%。前5年间蔬菜产量的波动变化与粮食

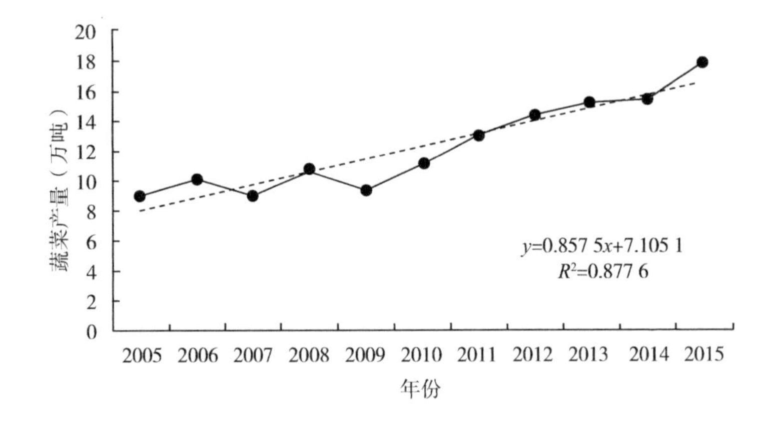

图2-10　2005—2015年怀来县蔬菜产量变化

Fig. 2-10　Changes of vegetable production during 2005 to 2015 in Huailai county

产量变化特征相一致，说明降水量减少可能对粮食和蔬菜的供给产生影响。怀来县的耕地主要以旱地为主，受降水量的影响较大，对气候变化的敏感性较高，而怀来县的气候有暖干化的趋

势，通过农业结构调整及节水灌溉技术等来应对气候变化，维持并提升蔬菜供给服务。

7. 果品供给

以乡镇为基本单元，怀来县 2005 年、2010 年和 2015 年果品供给服务的空间分布如图 2-11 所示。在空间上，怀来山盆系统果品供给服务主要分布在官厅水库周边及南部丘陵的乡镇，北部山地区较低。其中，桑园镇的果品供给明显高于其他乡镇，是由于桑园镇是怀来县特色产业——葡萄的最主要产地。其次是北辛堡镇和大黄庄镇，是多种园林水果的主产区。2005—2015 年怀来县水果产量呈现稳步提高的趋势（图 2-12），并且与另外 3 种供给服务相比，增加量最大，由 13.61 万吨增加到 27.41 万吨，增加量达到 13.8 万吨，平均增幅 7.4%，其中 2009—2011 年增加迅速，平均增幅为 15.6%。随着政府对特色果品产业支持力度的加大，园地面积扩增，果品供给服务的增加最为明显。

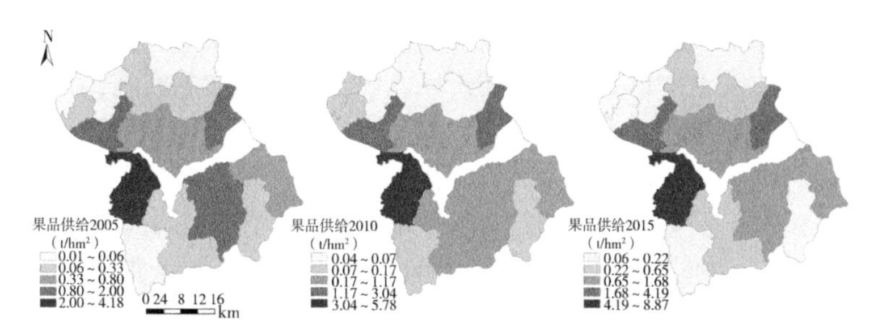

图 2-11　怀来县 2005 年、2010 年和 2015 年果品供给服务空间分布

Fig. 2-11　Spatial distribution of fruit production in the year of 2005、2010 and 2015 in Huailai county

8. 肉类产量

以乡镇为基本单元，怀来县 2005 年、2010 年和 2015 年肉类生产服务的空间分布如图 2-13 所示。怀来县 2005—2015 年肉

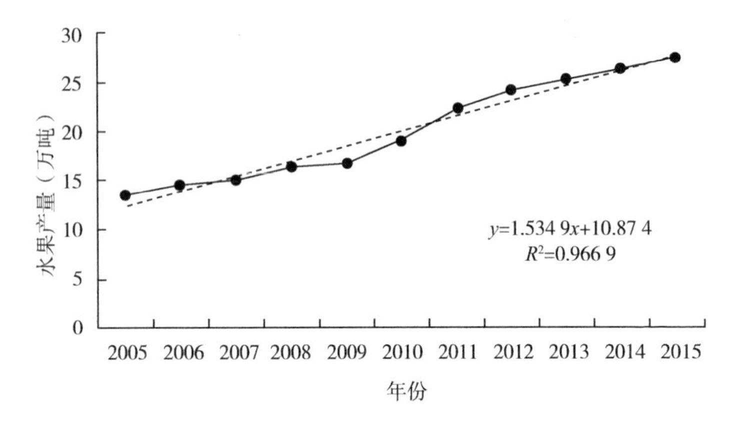

图 2-12　2005—2015 年怀来县水果产量变化

Fig. 2-12　Changes of fruit production during 2005 to 2015 in Huailai county

类产量的空间格局呈现为河谷平原的中部及北部低山丘陵区较高，而北部和南部的山地区较低。河谷平原主要是舍饲养殖，其中沙城镇及土木镇是肉类的主产区，随着封山禁牧的实施，丘陵区由放牧逐渐转变为舍饲养殖。南北中山乡镇的土地利用类型主要以林地为主，肉类产量较低。由图 2-14 可知，在时间上，怀来县肉类产量呈现增加的趋势，但增加较为缓慢，由 1.4 万吨增加至 3.6 万吨，增加量为 2.2 万吨，2008—2010 年增加较为迅速，平均增幅为 24.15%，2010—2015 年呈现平稳增加，平均增幅为 4.7%。怀来县山地丘陵区实施封山禁牧的生态保育措施，由于人为干扰较大，草地分布面积较小，人工草地发展缓慢，舍饲养殖出现饲草成本过高、圈养空间不足的问题，限制了肉类产量的提升。

四、生态系统服务的权衡和协同

在 ArcGIS 中利用 Zonal statistics 工具统计乡镇尺度上 2005—

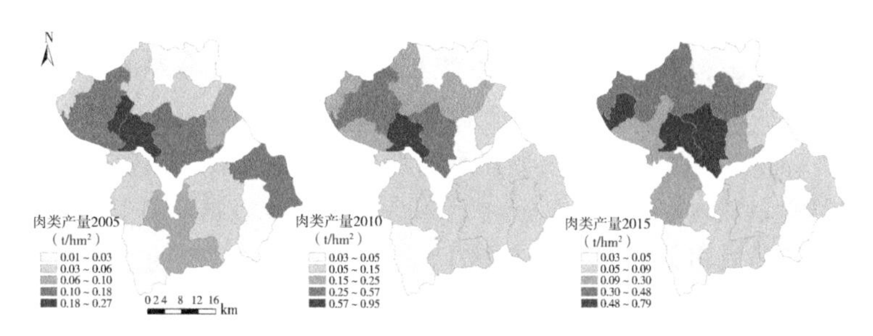

图 2-13　怀来县 2005 年、2010 年和 2015 年肉类产量空间分布

Fig. 2-13　Spatial distribution of meat production in the year of 2005、2010 and 2015 in Huailai county

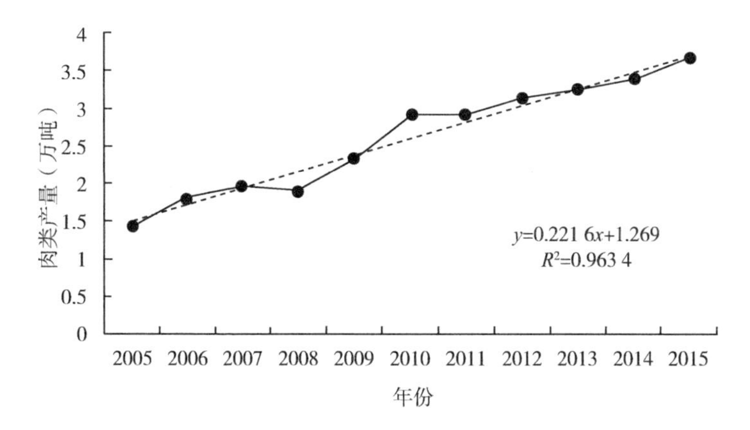

图 2-14　2005—2015 年怀来县肉类产量变化

Fig. 2-14　Changes of meat production during 2005 to 2015 in Huailai county

2015 年 8 种生态系统服务的均值，再利用 R 软件对两两生态系统服务进行相关性分析来表征生态系统服务的权衡/协同关系，并作图展示（图 2-15）。土壤保持、碳固定、生境质量和自然娱乐 4 项服务之间均呈现极显著正相关（$P<0.001$），其中土壤保

持和生境质量的相关性最高（$r=0.95$）。另外，在4种农产品供给服务中，粮食生产、蔬菜生产和肉类产量之间均为正相关关系，其中粮食生产和蔬菜生产呈极显著正相关（$P<0.001$）。而土壤保持、碳固定、生境质量和自然娱乐与这4种产品供给服务之间均表现为权衡关系，其中，粮食产量与生境质量和土壤保持呈极显著负相关关系（$P<0.001$）。在怀来山盆系统的县域尺度上，粮食、蔬菜和肉类产量存在空间的协同关系，土壤保持、碳固定、生境质量和自然娱乐表现为空间的协同关系，而土壤保持、碳固定、生境质量和自然娱乐与4种产品供给服务之间存在空间的权衡关系。粮食产量较高的乡镇，同时蔬菜和肉类产量也较高，是农产品的主要产区；土壤保持较高的乡镇，同时碳固定、生境质量和自然娱乐服务也较高，这部分乡镇以林地和灌丛为主，耕地较少，相应的农产品供给能力较弱。

生态系统服务之间的相互关系可以分为权衡和协同2种（Bennett *et al.*，2009）。前人的许多研究发现供给服务和调节服务之间存在权衡关系，而调节服务之间存在协同关系（Maes *et al.*，2012；Qiu & Turner，2013；Turner *et al.*，2014；Yang *et al.*，2015）。本文的研究结果与前人基本一致，结果发现土壤保持、碳固定、生境质量和自然娱乐表现为协同关系，而土壤保持、碳固定、生境质量和自然娱乐与4种产品供给服务之间存在空间的权衡关系。本研究以山盆系统为研究对象，分析了县域尺度上的生态系统服务相互关系，与Yang等（2015）在长江三角洲和Qiu & Turner（2013）在流域尺度上研究发现的权衡/协同关系相符，说明其中一些生态系统服务的关系及其机制和驱动因素在不同尺度上可能一致。比如，土壤保持和碳固定服务存在协同关系，二者可能受共同驱动力的影响，生态保育工程的实施增加了植被的覆盖度，对土壤保持和碳固定都有增强的作用。

生态系统服务的权衡/协同关系类型包括空间和时间尺度上

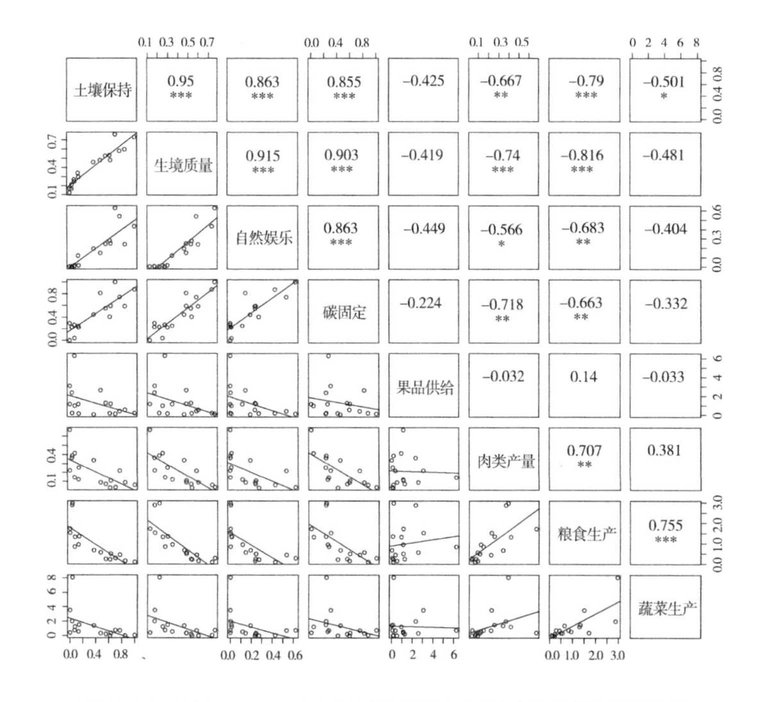

图 2-15　2005—2015 年怀来县各项生态系统服务的相互关系

Fig. 2-15　The correlations between ecosystem services in Huailai county during 2005 to 2015

注：$*P<0.05$；$**P<0.01$；$***P<0.001$

的权衡（李双成等，2013）。本文仅探究了研究区在空间上的权衡/协同，在山盆系统中，南北山地区主要以乔木林地和灌木林地为主，植被覆盖度高，碳固定和土壤保持等调节服务较高，而粮食生产、蔬菜生产等服务较低；中部河谷平原区主要以耕地为主，是粮食和蔬菜产量的高值区，但调节服务较弱，这与付奇（2016）在阿勒泰地区山盆系统的研究一致。在时间尺度上，现时生态系统服务的利用会对未来造成影响，有助于生态系统服务的管理和决策。

第二节　生态系统服务认知及供需关系

生态系统服务是在社会和生态系统相互作用下产生的（Bennett *et al.*，2015），随着对生态系统服务研究的不断深入，生态系统服务认知及供需关系的利益相关方参与成为研究的新方法和新方向（Casado-Arzuaga *et al.*，2013；Wei *et al.*，2017；吕一河等，2013；白杨等，2017）。参与式方法从另一个角度评估生态系统服务及社会需求，与生物地理模型等估算的结果相互参考、相互融合。通过社会反馈，使得科学数据得到更深入的理解，为管理及决策人员提供了更可靠的科学支持，形成社会大众-科学-政府相互支持、沟通的渠道。因此，本章基于问卷调查数据及生态系统服务估算结果，尝试探讨以下问题：（1）确定生态系统服务的重要性和脆弱性；（2）分析当地居民对10年来生态系统服务变化趋势的认知，比较其与生态系统服务估算结果的差异；（3）揭示生态系统服务供给和需求的空间分布特征；（4）分析生态系统服务在空间上的供需关系。

一、研究方法和数据来源

1. 问卷调查和访谈

问卷调查法是通过对个体进行一套标准化的问题调查，以获取人类活动的感知、行为、态度等原始数据的一种严谨方法（湛东升等，2016）。在前人研究、野外考察和访谈的基础上展开问卷设计，在预调研的基础上改进调查问卷。课题组分别于2016年和2017年8—9月，在怀来县17个乡镇，共选取42个典型村（图2-16），使其尽量广泛地分布在怀来山盆系统各功能带之中。受访者的选取采用分层随机抽样方法，进行面对面访谈和

问卷调查，每份问卷调查时间在 20~30min，收集问卷 515 份，去除数据缺失的问卷，得到有效问卷 507 份。虽然受访者较少，但与《怀来县社会经济统计年鉴（2015）》相比较，发现样本基本可以反映怀来县人口的基本特征，具有一定的代表性，受访者的基本信息如表 2-4 所示。

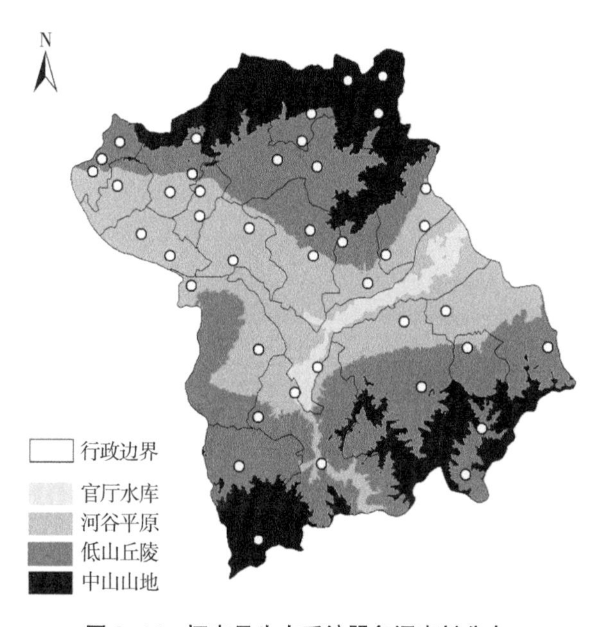

图 2-16　怀来县生态系统服务调查村分布

Fig. 2-16　Investigation sites of ecosystem services in Huailai Mountain-basin area

问卷调查首先征得受访者同意，接下来向受访者介绍各项生态系统服务的含义，以便其更好地理解题目，取得真实的结果。问卷内容主要包括以下几个方面：（1）基本社会经济信息；（2）10年间生态系统服务变化趋势的感知；（3）受访者对各项生态系统服务需求的大小，分值从 1~5 分代表需求程度由小到大。另外，生态系统服务重要性和脆弱性认知数据来自 2015 年调查问卷。

表 2-4　受访者的社会经济特征

Table 2-4　Respondents socie-economic characteristics

特征	类别	人数
性别	男	270
	女	237
年龄	<30	84
	30~49	166
	50~69	233
	≥70	24
受教育程度	没上过学	84
	小学	170
	初中	168
	高中、中专	75
	大学	10
家庭人口数	<4	271
	4~5	203
	>5	33
家庭年收入（元）	<10 000	155
	10 000~30 000	211
	30 001~50 000	90
	>50 000	51

2. 生态系统服务重要性和脆弱性认知

利用问卷调查的方法确定当地居民对生态系统服务的认知，依据千年生态系统评估对生态系统服务类型的划分（MA，2005），结合实地访谈及当地生态系统服务的情况，列举了 13 项生态系统服务，受访者在其中选择 4 种认为对福祉最重要的服务和 4 种最脆弱的服务。利用重要性-脆弱性矩阵，以认为重要和脆弱的受访者人数百分比的中位数作为划分，将结果分为 4 个类型（重要且脆弱的服务、重要但不脆弱的服务、脆弱但不重要的服务和既不重要也不脆弱的服务）（Iniesta-Arandia *et al.*，2014）。

3. 生态系统服务供需核算

学者们对于生态系统服务需求的理解主要分为：（1）生态系统服务需求是指一定时间一定范围内的人类使用或消耗生态系统服务的总和（Burkhard *et al.*，2012）；（2）生态系统服务需求是人类个体对特定生态系统服务偏好的表达（Villamagna *et al.*，2013；Schröter *et al.*，2014）。基于以上理解，本研究既考虑生态系统服务消耗的总量，又从个人意愿和社会偏好角度考虑生态系统服务的需求程度。人口密度可以反映生态系统服务需求的总数量，被用于表征生态系统服务需求的指标（Vrebos *et al.*，2015；付奇，2016；彭建等，2017）。因此，本研究利用调查问卷的方法得到各乡镇对各项生态系统服务的主观需求偏好，再选取人口密度来衡量生态系统服务需求的数量。城镇化速率导致人口密度在乡镇间出现明显的差异，因而参考彭建等（2017）的研究，在不影响数据整体分布的基础上，借助统计学中取对数的方法，将剧烈波动减小，后代入计算公式，得到生态系统服务需求：

$$X_i = \lg(x_{i1}) \times x_{i2} \qquad \text{式（2-13）}$$

式中，X_i 是 i 乡镇的生态系统服务需求；x_{i1} 是 i 乡镇的人口密度，利用人口数量除以乡镇面积得到；x_{i2} 是 i 乡镇的主观生态系统服务偏好的平均得分。

以乡镇为基本单位，利用 ArcGIS 中的自然间断点法对各乡镇的生态系统服务需求进行重新分类，并分别赋以分值：1、2、3、4、5，得到生态系统服务需求程度的空间分布。

另外，结合生态系统服务估算结果，以乡镇作为基本单位，计算 2005—2015 年各乡镇单位面积的平均生态系统服务量，来表征各乡镇的生态系统服务的供给能力，利用自然间断点法进行重新分类并分别赋以分值：1、2、3、4、5，得到生态系统服务供给的空间分布。最后，利用栅格运算将生态系统服务供给和需求图层相减，得到生态系统服务供需平衡图，分值大代表供给大于需求，分值小代表供给小于需求，最终确定怀来县生态系统服务在空间上的供需关系。

二、生态系统服务认知

1. 重要性和脆弱性认知

在 13 项生态系统服务中，受访者认为 4 项生态系统服务（纯净的水、碳固定、土壤肥力和自然娱乐）是重要且脆弱的；粮食和水果供给服务被认为是重要但不脆弱的服务，土壤保持和生境质量被认为是脆弱但不重要的服务（图 2-17）。土壤保持被认为是最脆弱的生态系统服务，其次是生境质量，分别占受访者的 40.6%和 25.39%。纯净的水、粮食供给和碳固定被认为是对福祉最为重要的 3 种服务，重要性认知百分比依次为 55.64%、53.13%和 43.57%。结果也表明，水、粮食等供给服务对福祉的作用更为直接，重要性也较高；另外，由于山盆系统地形较复杂，山地丘陵区坡度较大，土壤侵蚀较容易发生，威胁到农业生产，而怀来县农业人口占到总人口的 70%，对于农业直接或间接相关的生态系统服务较为敏感和关注，受访者认为土壤保持的脆弱性较高。因此，在范式建立中，应重点关注和保护脆弱性高

的服务，并针对性提升对福祉重要性高的服务。

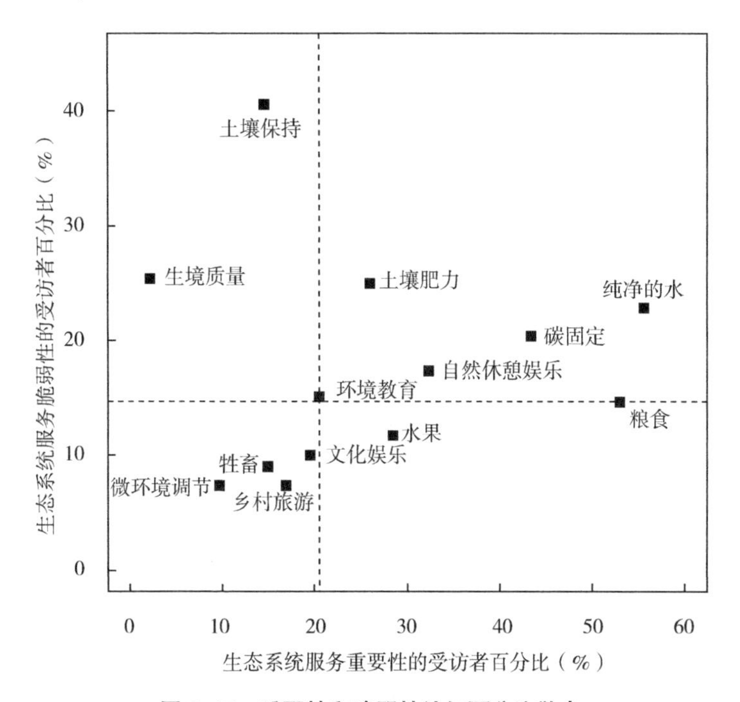

图 2-17　重要性和脆弱性认知百分比散点

Fig. 2-17　Scatter plot of the perceived ecosystem services importance and vulnerability

2. 生态系统服务变化趋势认知

由图 2-18 可知，在 4 种产品供给服务中，较多的受访者认为粮食生产和水果供给在近 10 年间有减少的趋势，分别占到总人数的 45%和 50%；而较多的人认为蔬菜生产和肉类生产基本保持不变，比例分别为 47%和 41%，其次分别有 33%和 37%的受访者认为有减少的趋势。对于土壤保持和生境质量的变化感知，各项占比差异不明显。另外，较多的受访者认为碳固定和自然娱乐近 10 年为增加的趋势，均占总人数的 59%。

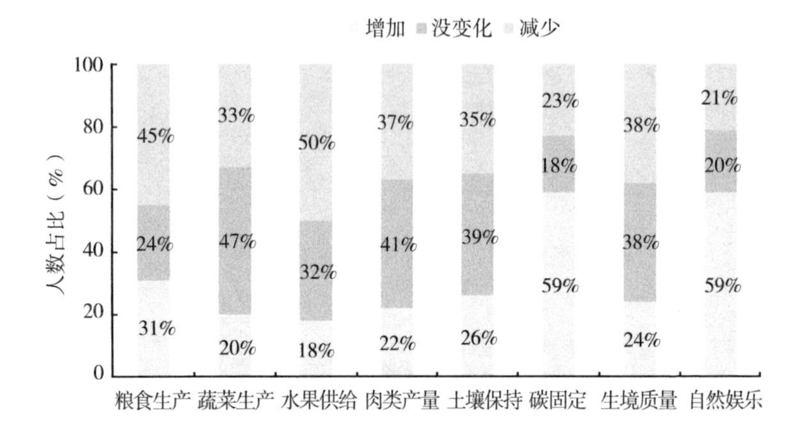

图 2-18　怀来县利益相关者对生态系统服务 10 年间变化的认知

Fig. 2-18　Stakeholders' perception of ecosystem services change during the 10 years in Huailai county

与生态系统服务评估结果相对比，4 种产品供给服务在 2005—2015 年均呈现增加的趋势，这与当地利益相关者的感知存在一定差异，可能由于感知数据受到个人因素的影响较大，受访者会有意识地对影响自己较大的事件具有较深记忆，比如气候因素导致的粮食减产，而产品供给服务在年际间的波动会影响最终的结果。生态系统服务估算结果表明，碳固定与自然娱乐在 2005—2015 年表现为增加的趋势，这与变化感知的结果一致，受访者普遍反映退耕还林和封山育林等生态保育措施对当地自然环境的提升具有重要作用，大多数人对生态保育工程表示支持。由此可知，利益相关者的变化认知数据可以补充并校准客观评估结果，但由于受访者知识水平有限以及受到个人因素的影响，使得结果具有一定的不确定性。通过社会反馈，利益相关者的生态系统服务变化认知加深了对生态系统服务变化的理解，在管理实

践中重点关注评估与认知结果存在较大差异的生态系统服务。

三、生态系统服务供需关系分析

1. 生态系统服务的供给区

结合生态系统服务的评估结果，以乡镇作为基本单位，计算2005—2015年各乡镇单位面积的平均生态系统服务量，利用自然间断点法得到各乡镇生态系统服务供给的能力等级（图2-19）。

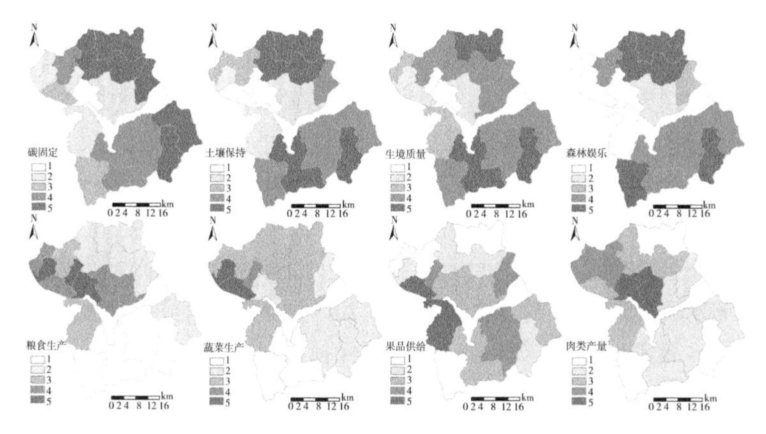

图2-19　怀来县生态系统服务供给能力的空间分布

Fig. 2-19　Spatial distribution of ecosystem services supply in Huailai county

结果显示，碳固定、土壤保持、生境质量和自然娱乐服务的供给区均集中在南北山地和丘陵区，河谷平原区的乡镇（沙城镇、东八里乡和大黄庄镇等）供给较弱。粮食生产服务供给较强的乡镇主要集中在河谷平原，其中西八里乡和东八里乡的供给能力最强，而南部山地和丘陵区的粮食供给较弱。西八里乡及大黄庄镇的蔬菜供给能力较强，北部山地和丘陵区乡镇的供给能力强于南部乡镇。果品供给服务的供给区主要集中在官厅水库周边的桑园镇、大黄庄镇和北辛堡镇，而位于北部山地区的王家楼乡和南部山地区的孙庄子乡供给最弱。肉类供给较强的乡镇位于官厅水库北部的沙城镇和狼山乡，而南北山地区的肉类供给较弱。

2. 生态系统服务需求区

由于各乡镇间地理条件和经济发展程度的差异，怀来县人口密度在空间上具有明显的差异（图2-20）。水库上游乡镇的人口密度较大，其中，沙城镇作为县政府所在地，经济发展快，人口密度远远高于其他乡镇，达到1 666人/km^2，其次是位于地势平坦的河谷平原区的西八里镇、东八里乡和大黄庄镇，人口密度分别为627人/km^2、420人/km^{2}和398人/km^2；南北部山地区人口密度较小，其中，孙庄子乡的人口密度最小，仅为45人/km^2。

利用问卷调查的结果，以乡镇作为基本单位，得到怀来县生态系统服务主观需求的空间分布图（图2-21）。由图可知，生态系统服务主观需求在空间上存在差异。怀来县各乡镇对碳固定服务需求程度较高，得分在3.48~4.70，西南部山地和丘陵区的孙庄子乡及桑园镇的需求最高；土壤保持服务需求较高的乡镇主要分布在西南部的孙庄子乡、桑园镇和官厅镇，而与其相邻的小南辛堡镇、瑞云观乡则需求最小；生境质量和自然娱乐服务的需求分布较为分散，孙庄子乡、新保安镇和土木镇的需求均较高；西部河谷平原区及西南部山地区的乡镇在粮食生产和蔬菜生产服务的需求较高，其中东八里乡的粮食需求最高，沙城镇蔬菜需求最高；官厅水库以北的平原和丘陵区的乡镇对果品供给的需求较高，而位于怀来县西北部的鸡鸣驿乡、西八里镇、东八里乡和大黄庄镇的肉类产量需求较高。

结合人口密度和生态系统服务的主观需求偏好，利用自然断点法，得到最终生态系统服务需求的5个等级（图2-22）。

结果表明，河谷平原区的各项生态系统服务需求均较高，河谷平原区地势平坦、人口相对稠密。碳固定服务的需求高值主要

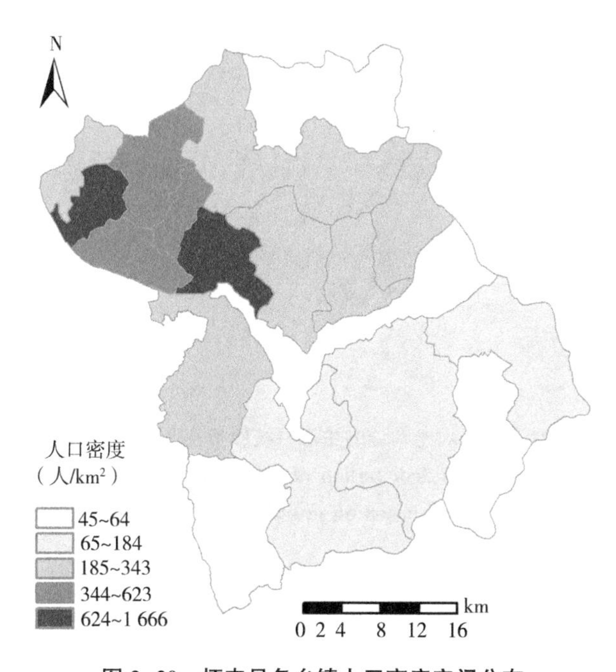

图 2-20　怀来县各乡镇人口密度空间分布

Fig. 2-20　Spatial distribution of population density at township level in Huailai county

集中在官厅水库上游的乡镇，其中沙城镇需求最高，南、北部山地区的需求较低。土壤保持需求的高值区主要集中在河谷平原，以沙城镇为中心，向周边递减。生境质量和自然娱乐服务需求主要集中在官厅水库上游的乡镇，北部山地区的需求较小；对于4种产品供给服务的需求，表现为河谷平原区的乡镇较高，其中西八里镇粮食和肉类需求均最高，沙城镇蔬菜和水果产品的需求最高。

对比各乡镇主观需求人口密度图，可以发现，虽然生态系

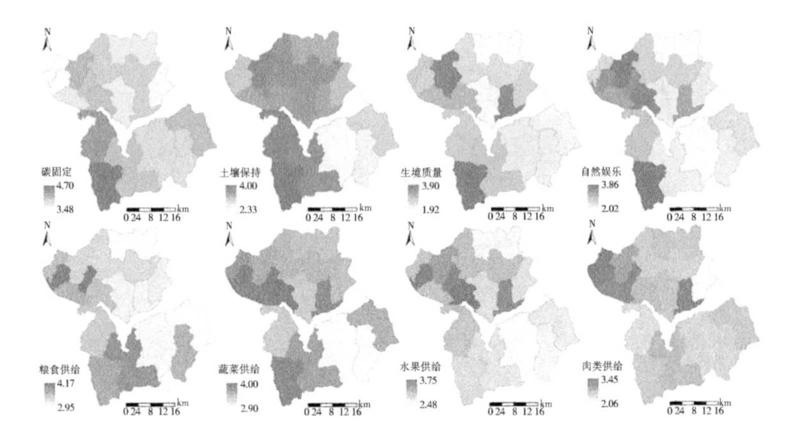

图 2-21 基于问卷调查的生态系统服务主观需求空间分布

Fig. 2-21 Spatial distribution of subjective ecosystem services demand based on questionnaire survey

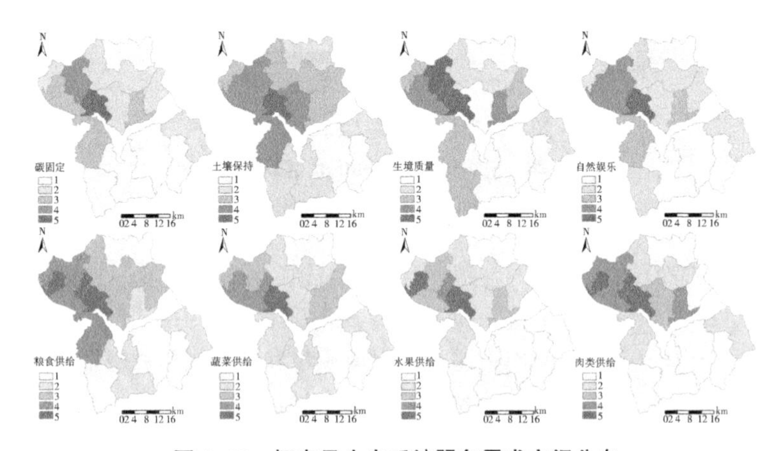

图 2-22 怀来县生态系统服务需求空间分布

Fig. 2-22 Spatial distribution of ecosystem services demand in Huailai county

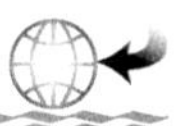

统服务需求由二者共同决定，但是人口密度对最终的生态系统服务需求影响较大，其中人口密度最大的沙城镇和最小的孙庄子乡影响最大。因此，在生态系统服务管理之中，应重点加强各项服务主观需求较高以及人口集中区域的生态系统服务供给的提升。

3. 生态系统服务供需关系的空间分析

由怀来县的生态系统服务供给区和需求区可以得到生态系统服务供需关系的空间分布（图 2-23），结果显示，碳固定、土壤保持、生境质量和自然娱乐 4 种服务，供给大于需求的乡镇主要分布在南北山地和丘陵区的乡镇，这是由于山地丘陵区自然植被生长较好，植被覆盖度高，生境质量较为良好，水土流失也较少；而河谷平原区的人为活动较为剧烈、人口密度大，生态系统服务需求高，而土地利用主要以耕地和建设用地为主，表现为供给小于需求，其中以沙城镇的供需失衡最为严重。另外，大多数乡镇的 4 项产品供给服务的供需匹配度较高，其中，粮食生产服务除了丘陵区部分乡镇（比如存瑞镇和官厅镇等）以外，供给均可以满足需求；对于蔬菜生产服务，仅沙城镇、北辛堡镇和官厅镇表现为轻微的供小于需，其他各乡镇的供给均可以满足需求；果品供给服务在北部山区呈现为供需平衡，南部山地丘陵区多表现为供给大于需求，而官厅水库上游的西八里镇、沙城镇、新保安镇和鸡鸣驿乡表现为供给小于需求；肉类产量在空间上仅土木镇表现为较明显的供给小于需求。

综上可知，产品供给服务在空间上的供需匹配程度较高，主要由于粮食生产等为原位服务（Costanza，2008），供给区和受益区重叠度较高。碳固定、土壤保持、生境质量和自然娱乐服务在怀来山盆系统中整体上表现为南北两边得分高，而中间得分低的趋势，这些服务依赖物质流和能量流在供给区和受益区之间进行传递和运送（Costanza，2008；姚婧等，2017）。在生态系统服务管理中，从生态系统服务流的角度，保障河谷平原区人口稠密乡镇碳固定、土壤保持、生境质量和自然娱乐服务的供给，进一步减弱供需失衡的程度，并且对产品供给服务中表现为供需失衡的乡镇尽早做出管理，防止进一步的加剧和扩增。

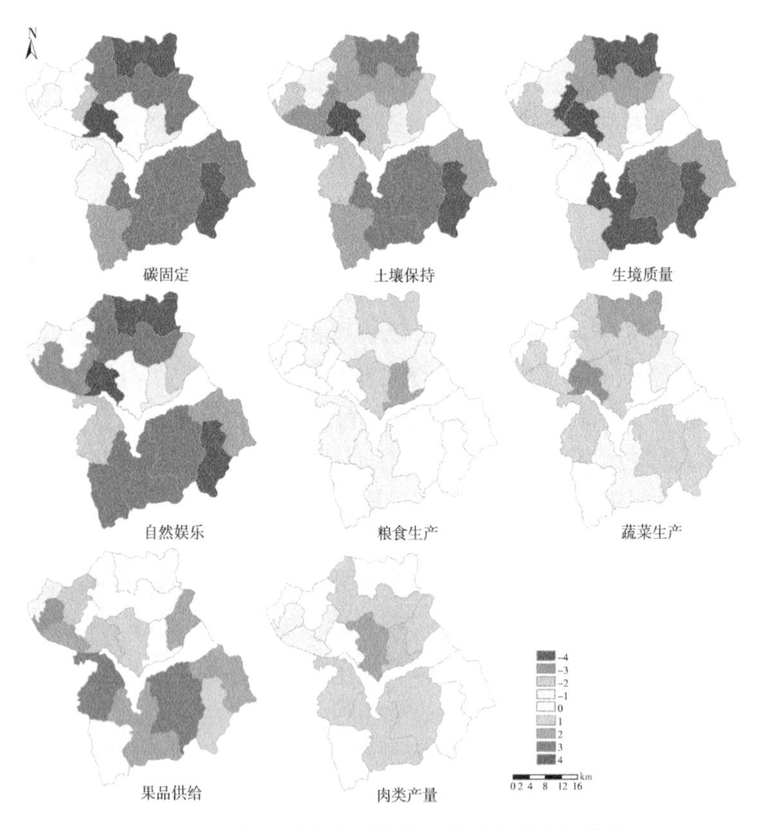

图 2-23　怀来县生态系统服务供需关系空间分布

Fig. 2-23　Spatial distribution of ecosystem services supply and demand in Huailai county

参与式评估方法从另一个角度评估生态系统服务及社会需求（Wei *et al.*，2017），通过社会反馈，使得科学数据得到更深入的理解，更有利于生态系统服务管理。另外，生态系统服务产生人类福祉，了解利益相关者的认知和偏好对联系生态系统服务和人类福祉、有效提升人类福祉具有很重要的意义（Menzel and Teng 2009；Lamarque *et al.*，2011）。本研究利用问卷调查的方法，确定利益相关者对生态系统服务变化的认知，与模型和统计数据等估算结果相互参考、相互融合。利益相关者对供给服务变化的认知与估算结果存在一定差异，可能由于感知数据受到个人因素的影响较大，受访者会有意识地对影响自己较大的事件具有较深记忆，而产品供给服务在年际间的波动较大会影响最终的结果。碳固定和自然娱乐的变化感知与估算结果相一致，均为增加趋势。由结果可知，生态系统服务的感知受到主观因素和受访者知识水平的影响，存在不确定性，但从另一个角度反映了生态系统服务的状况，对管理决策有重要参考价值。

此外，前人对于生态系统服务需求的研究多利用客观统计数据和基于土地利用数据的矩阵法（Burkhard *et al.*，2012；彭建等，2017）。本研究利用问卷调查的方法确定了生态系统服务的主观需求，为生态系统服务需求的确定提供了一种新的思路和方法。利用问卷调查的方法确定主观需求，对调节服务等难以量化的服务需求具有优势，使得管理更具有针对性（Martín-López *et al.*，2014）。本研究仅提供了一个初始的思路和案例研究，未来还需要更多的方法和案例将其完善和深入，另外，政府管理者、当地环保部门工作人员等其他利益相关者的生态系统服务认知也需要在今后的研究中加以考虑。

第三节　小结

本章基于2005—2015年的统计数据和空间数据，以遥感和地理信息技术为支撑，利用CASA模型、RUSLE模型、InVEST模型、相关统计数据和土地利用数据估算了碳固定、土壤保持、生境质量、自然娱乐、粮食生产、蔬菜生产、果品供给和肉类产量8种关键生态系统服务，分析了其时空格局；此外，分析了生态系统服务之间的权衡和协同关系；为怀来县空间上生态系统服务的管理提供支撑。基于怀来县17个乡镇的面对面问卷调查数据，结合2005—2015年生态系统服务的评估结果，研究了怀来县居民对生态系统服务重要性和脆弱性的认知以及10年间生态系统服务变化趋势的认知。此外，还揭示了生态系统服务供给和需求的空间分布特征，分析了生态系统服务在空间上的供需关系。具体结果如下。

（1）在空间上，怀来县碳固定服务总体上呈现南北山地和丘陵较高，中部平原较低的分布特征，并且随着时间的推移，北部山区的高土壤保持量的分布不断增加；不同时期生境质量均为0.6~0.8区间的面积比例最大，高值区主要集中分布于南北山地及官厅水库；2005—2015年自然娱乐分布情况基本一致，均表现为北部山地区的乡镇自然娱乐服务较高，河谷平原带乡镇的自然娱乐服务最低；粮食生产表现为官厅水库西北部的河谷平原较高，而南北部山地较低；蔬菜生产呈现为官厅水库以北的平原和山地区较高，而南部较低；果品供给服务主要分布在官厅水库周边及南部丘陵区，北部山地区较低；肉类产量的空间格局呈现为河谷平原的中部及北部低山丘陵区较高，而北部和南部山地区较低。

（2）2000—2015年，怀来县年均*NPP*分别为367.39 gC/

$(m^2 \cdot a)$、373.48 gC/$(m^2 \cdot a)$和403.42 gC/$(m^2 \cdot a)$，碳固定服务呈现增加的趋势；土壤保持量表现为增加的趋势，前5年的土壤保持增加缓慢，2010—2015年增加明显，增加量为34.64 t/$(hm^2 \cdot a)$；2005—2010年生境质量改善较大，2010—2015年增加缓慢，2005—2015年得分在0~0.2和0.6~0.8的区间所占比例分别减少了7.23%和4.96%，而0.2~0.4和0.8~1区间的面积分别增加了7.98%和4.2%；2005—2015年怀来县粮食总产量和蔬菜总产量总体均呈现增加的趋势，2005—2010年波动较大，2010—2015年波动减小；水果产量呈现稳步提高的趋势，平均增幅7.4%；肉类产量呈现不断增加的趋势，前5年肉类产量增加幅度较大，后5年呈现平稳增加趋势。

（3）土壤保持、碳固定、生境质量和自然娱乐4项服务之间表现为协同关系，粮食生产、蔬菜生产和肉类产量之间均表现为协同关系，而土壤保持、碳固定、生境质量和自然娱乐与4种产品供给服务之间均表现为权衡关系。

（4）在13项生态系统服务中，土壤保持的脆弱性认知最高，其次是生境质量，分别占受访者的40.6%和25.39%；纯净的水、粮食供给和碳固定被认为是对福祉最为重要的3种服务。

（5）与生态系统服务评估的结果相对比，4种产品供给服务在2005—2015年均呈现增加的趋势，与受访者的变化趋势认知存在一定差异，而碳固定与自然娱乐在2005—2015年间表现为增加的趋势，这与变化感知的结果一致。

（6）怀来县人口密度在空间上具有明显的差异，河谷平原区人口密度较大，生态系统服务需求总量高，主观需求认知在空间上分布规律不明显，主要表现为各乡镇对碳固定服务的需求程度较高，孙庄子乡对多数生态系统服务的需求相对较高。结合以上二者的结果发现，虽然各项生态系统服务在空间分布上存在差异，但大体上存在一定规律，即河谷平原区乡镇的各项生态系统服务需求均较高，而南北山地区的生态系统服务需求较低。在生态系统服务管理之中，应重点加强主观需求较高、人口密度较大区域的生态系统服务的供给。

（7）碳固定、土壤保持、生境质量和自然娱乐 4 种服务，在空间上的供需匹配度较低，南北山地和丘陵区自然植被生长较好，植被覆盖度高，表现为供给大于需求，河谷平原区的人为活动较为剧烈，生态系统服务供给少，而需求高，其中以沙城镇的供需失衡最为严重。对于 4 项产品供给服务来说，多数乡镇的供需匹配度均较高。

第三章　怀来县人类福祉评估

维持并提升人类福祉是可持续发展的最终目的，与民生及政府管理和决策相联系（Kazana & Kazaklis，2009；Summers & Smith，2014；黄甘霖等，2016）。大尺度上人类福祉的评估受到数据获取的限制，多采用客观福祉（MA，2005；Rodrigues *et al.*，2009；Hossain *et al.*，2016；Hou *et al.*，2016）。人类福祉反映了一种良好的生活状态和感受，因此，主观福祉的测度是具有重要意义的，并且逐渐受到研究者的重视（Oswald & Wu，2010；Bieling *et al.*，2014；Krueger & Stone，2014；李琰等，2013）。但仅有很少的研究直接提出主观福祉的评估（黄甘霖等，2016），并且分析其在多样化景观中空间上的特征（Villamagna & Giesecke，2014；Wang *et al.*，2017b）。可持续的福祉表现在时间上的维持和稳固提升、空间上和利益相关者的公平分配，基于此，本章建立适用于怀来县的福祉评估指标体系，利用问卷调查和访谈的方法，尝试探索以下问题：（1）评估怀来县的总体福祉水平，分析各福祉组成要素之间的差异；（2）探索社会-经济特征对福祉的影响；（3）以乡镇行政单元为基本单位，分析福祉在怀来山盆系统中的空间分布特征。

第一节　研究方法和数据来源

一、福祉评估指标体系

在人类福祉的评估中，MA 提出的人类福祉概念框架得到了国内外学者的广泛认同（Abunge *et al.*，2013；Yang *et al.*，2013；Iniesta-Arandia *et al.*，2014；杨莉等，2010）。鉴于此，依据其对人类福祉构成要素的划分，选取维持高质量生活的基本物质需求、安全、健康、良好的社会关系及自由和选择 5 种福祉要素。在前人研究和实地考察访谈的基础上，选取 19 个适宜于研究区的指标，比如依据怀来山盆系统地貌类型的空间差异较大，选取交通便捷性作为福祉指标；怀来县以农业为主产业，干旱、冰雹等自然灾害对其影响较大，选取自然灾害发生作为福祉评估指标。怀来县指标体系如表 3-1 所示。

表 3-1　怀来县福祉测度指标体系

Table 3-1　The well-being index system in Huailai county

<table>
<tr><td>维持高质量生活的基本物质需求
住房满意度
家用电器满意度
通信工具满意度
交通的便捷性</td><td rowspan="4">自由和选择
教育的自由和选择
工作的自由和选择
生活用品的自由和选择</td></tr>
<tr><td>健康
健全的医疗设施和条件
医疗保险的满意度
身体健康
心理健康
多样化的食物种类</td></tr>
<tr><td>安全
良好的社会治安
食品安全
水质满意度
自然灾害发生</td></tr>
<tr><td>良好的社会关系
和睦的邻里关系
和睦的家庭关系
参加社会集体活动</td></tr>
</table>

二、问卷调查和访谈

问卷调查和访谈等参与式评估工具是主观福祉评估的主要方法（Oswald & Wu，2010；杨莉等，2010；唐琼等，2017）。课题组针对 19 项福祉指标，设计问卷，并进行预调研。问卷主要包括：(1) 基本社会经济信息，包括年龄、家庭年收入、教育水平和家庭人口数；(2) 人类福祉评估，采用李克特 5 级量表，将非常不同意、不同意、一般、同意和非常同意，分别赋值 1~5；(3) 人类福祉各项指标的重要性认知；(4) 生态系统服务的重要性和脆弱性认知。

在预调研的基础上，进一步改进问卷的语言和格式，于 2015 年的 8—9 月，课题组在怀来县的 17 个乡镇，每个乡镇选取 1~3 个典型村，共计 28 个村（图 3-1），通过分层随机抽样

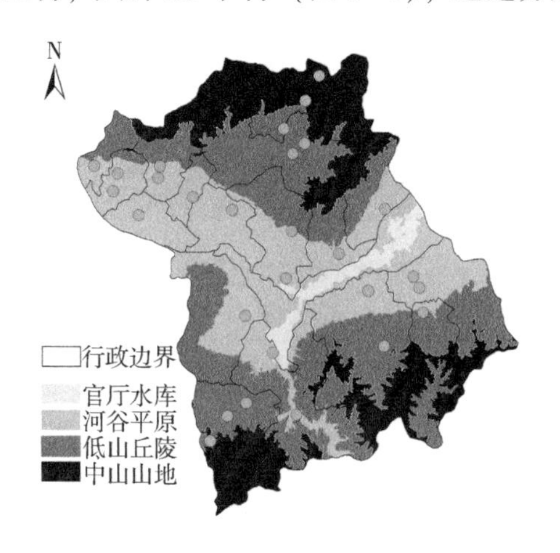

图 3-1　怀来山盆系统人类福祉评估调查点

Fig. 3-1　Investigation sites of well-being assessment in Huailai Mountain-basin area

方法选取受访者，进行面对面访谈和问卷调查，每份问卷调查时间在30~40min，收集问卷745份，去除数据缺失的问卷，得到有效问卷712份。虽然受访者较少，但与《怀来县社会经济统计年鉴（2015）》相比较，发现样本基本可以反映怀来县人口的基本特征，具有一定的代表性（表3-2）。

表3-2　受访者的社会经济特征

Table 3-2　Respondents socie-economic characteristics

特征	类别	人数
性别	男	321
	女	391
年龄	<30	118
	30~49	287
	50~69	258
	≥70	49
受教育程度	没上过学	68
	小学	228
	初中	284
	高中、中专	88
	大学	44
家庭人口数	<4	383
	4~5	278
	>5	51
家庭年收入（元）	<10 000	193
	10 000~30 000	283
	30 001~50 000	145
	>50 000	89

三、权重确定和福祉测算

利用利益相关者参与式的方法确定福祉指标的权重，依据问卷调查中受访者对各项福祉指标重要性的评估得分确定权重值。受访者按各自意愿对福祉指标的重要性进行打分，1~10分，1代表非常不重要，10代表非常重要，分数的递增代表重要性的增加，对福祉要素权重的贡献也越大。具体调查问题列举如表3-3所示。

表3-3　福祉指标重要性问卷调查示例

Table 3-3　Example of survey questions used to identify the importance of well-being indicator

指标	重要性									
	1非常不重要									10非常重要
问题列举“您认为良好的住房条件对提高福祉是否重要?”	1	2	3	4	5	6	7	8	9	10

根据各指标的得分求得5个福祉要素的值，受访者福祉值为5个福祉要素的平均值。不同乡镇各福祉指标和要素的值是该区受访者样本的平均值。

$$WB = \frac{1}{5}\sum_{i=1}^{5}\sum_{j=1}^{n} w_{ij}S_{ij} \qquad \text{式 (3-1)}$$

式中，WB为总福祉值，w_{ij}为第i种福祉要素的第j个评价指标的权重，S_{ij}为第i种要素的第j个评价指标的得分。

第二节　怀来山盆系统人类福祉特征

一、怀来县福祉的整体水平

由问卷调查结果得到怀来县5个福祉要素的值（图3-2），

怀来县福祉的平均得分为 3. 38，其中维持高质量生活的基础物质需求、安全和健康的得分较高，分别为 3. 59、3. 50 和 3. 41，而较高层次的福祉（自由和选择及良好的社会关系）的得分较低，分别为 3. 29 和 3. 07。这与美国社会心理学家马斯洛的人类需求层次理论相类似，首先满足生存的需求，其次才是心理和精神需求的实现（Maslow，1954；Wu，2013）。福祉的实现也具有层次性，高层次福祉（在社会关系中得到尊重和认同、自由和选择）的实现是以低层次福祉（物质需求、健康和安全）实现为基础的（李琰等，2013；李惠梅等，2014）。因此，怀来县的福祉还处于较初级的阶段，低阶福祉对总福祉的贡献较大。

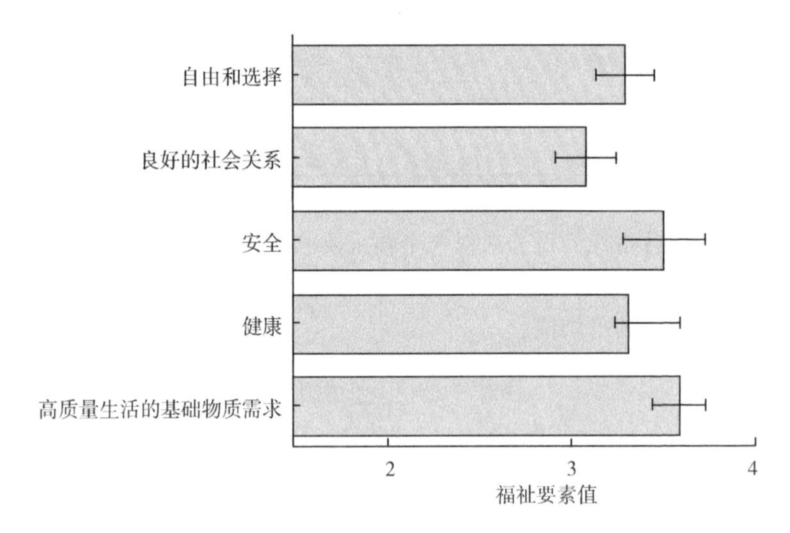

图 3-2　怀来县 5 个福祉组成要素的值

Fig. 3-2　The value of 5 domains of human well-being classified by MA in Huailai County

为了进一步探索怀来县福祉的实现情况，并找出关键福祉指标，为针对性的管理和政策提供借鉴，本研究将 5 个福祉组成要素的各项指标得分进行了比较，并分析受访者认为的福祉指标重要性和福祉实现之间的差异。

由图 3-3 可知，在维持高质量生活的基础物质需求的各项指标中，受访者对住房的满意度较低，而交通便捷性较高；对于健康来说，医疗条件和设施、医疗保险的满意度均较低，而心理健康的得分较高，可能是由于当地居民对心理健康的重视程度较低而引起的；对于安全来说，结果表明，居民对社会治安的满意度较高，食品安全和水质满意度相对较低，而自然灾害的发生是影响福祉提升的最大威胁，这与当地居民主要以农业为主要生计有关；在良好的社会关系当中，家庭关系和邻里关系要明显高于社会集体活动的参与度；对于自由和选择，教育的自由和选择以及工作的自由和选择明显低于生活用品的自由和选择，同样说明怀来县处于基础物质需求得到满足的阶段。结合指标的重要性进行分析，结果发现，住房条件、医疗设施和条件、自然灾害发生、教育和工作自由选择均被认为重要性较高，而相应的福祉得分却较低。说明这些指标存在需求和福祉实现之间的差异，是需要重点关注和提升的关键福祉指标。

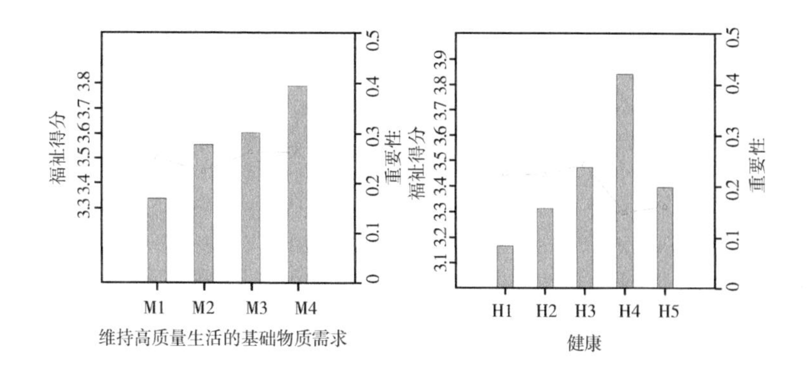

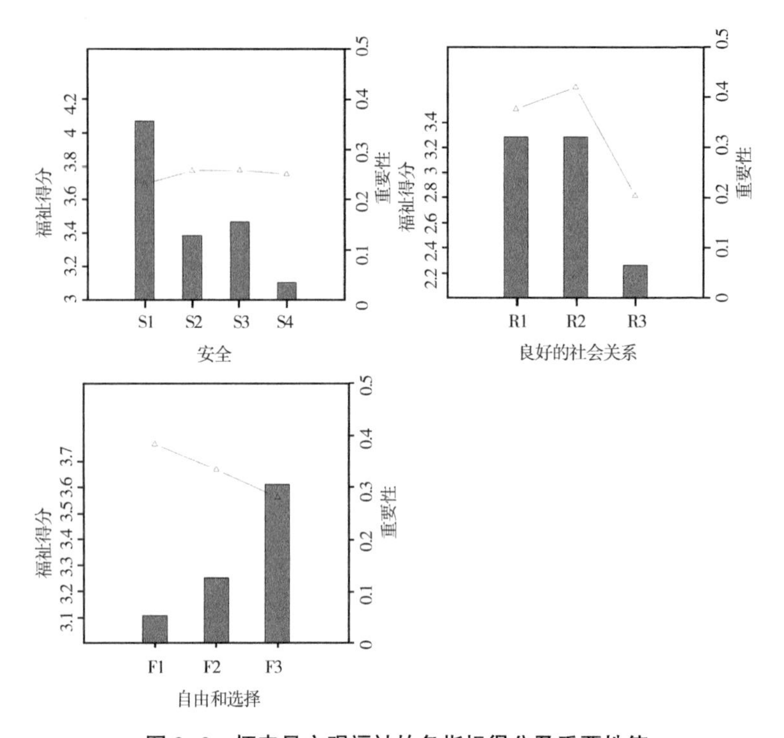

图 3-3　怀来县主观福祉的各指标得分及重要性值

Fig. 3-3　The importance and subjective well-being of indicators in each domain

注：M1 住房满意度；M2 家用电器满意度；M3 通信工具满意度；M4 交通的便捷性；H1 健全的医疗设施和条件；H2 医疗保险的满意度；H3 身体健康；H4 心理健康；H5 多样化的食物种类；S1 良好的社会治安；S2 食品安全；S3 水质满意度；S4 自然灾害发生；R1 和睦的邻里关系；R2 和睦的家庭关系；R3 参加社会集体活动；F1 教育自由和选择；F2 工作自由和选择；F3 生活用品自由和选择。

二、不同社会-经济群体的人类福祉差异

利用 SPSS 软件对各社会-经济的不同分组进行 Kruskal-Wallis 检验，不同社会经济的利益相关者群体的福祉存在差异（表 3-4），调查结果表明：女性在高质量生活的物质需求、健康和良好社会关系要素中，均高于男性。其中，不同性别在良好社会关系这一福祉要素上存在显著差异（$P<0.01$），表现为女性的良好社会关系福祉要高于男性，福祉要素平均值分别为 3.21 和 2.93。究其原因，主要在于良好社会关系中的各指标，包括邻里关系、家庭关系和社会集体活动的参与度均表现为女性高于男性（图 3-4）。

表 3-4　不同社会-经济群体的人类福祉

Table 3-4　Human well-being among different socie-economic stakeholder groups

社会-经济特征	分组	高质量生活的基础物质需求	健康	安全	良好的社会关系	自由和选择
性别	男	3.49	3.38	3.51	2.93	3.32
	女	3.63	3.43	3.50	3.21	3.29
	χ^2	2.312	0.306	0.118	14.938**	0.354
年龄	<30 岁	3.48	3.31	3.39	3.42	3.36
	30~49 岁	3.37	3.34	3.22	3.11	3.16
	50~69 岁	3.74	3.48	3.67	3.03	3.35
	≥70 岁	3.81	3.56	4.08	2.75	3.58
	χ^2	36.464***	12.110**	89.330***	22.041***	22.813***

（续表）

社会-经济特征	分组	高质量生活的基础物质需求	健康	安全	良好的社会关系	自由和选择
受教育水平	文盲	3.45	3.30	3.76	2.76	3.32
	小学	3.64	3.42	3.68	3.00	3.30
	初中	3.58	3.45	3.37	3.16	3.26
	高中或中专	3.53	3.41	3.41	3.27	3.38
	大学及以上	3.42	3.26	3.21	3.35	3.42
	χ^2	5.674	5.294	39.820***	17.365**	6.981
家庭年收入（元）	<10 000	3.41	3.28	3.59	2.89	3.18
	10 000~29 999	3.54	3.37	3.48	3.06	3.25
	30 000~49 999	3.74	3.54	3.48	3.25	3.42
	≥50 000	3.74	3.59	3.47	3.36	3.57
	χ^2	22.443***	14.278**	6.793	19.476***	21.932***

注：**、*** 分别表示在 0.01 和 0.001 水平（双侧）上显著。

不同年龄受访者的 5 项福祉要素均存在显著的差异（$P<0.01$），其中，年龄越大，基础物质需求、健康和安全的福祉越高，均表现为 70 岁以上受访者福祉要素均值最高。而良好社会关系则随着年龄的增加而减小，小于 30 岁的群体福祉得分最高，为 3.42。究其原因，主要在于 50~69 岁和 70 岁以上的利益相关群体在基础物质需求指标中表现为交通便捷性得分较高，分别达到 4.12 和 4.24；在健康的各项指标中，50~69 岁和 70 岁以上受访者的医疗设施条件和医疗保险满意度较高，而身体健康和多样的食物种类得分较低；在安全的各项指标中，50~69 岁和 70 岁以上的受访者的社会治安、食品安全和水质满意度均高于 30~49 岁及小于 30 岁的群体。而在良好的社会关系指标中，小于 30 岁

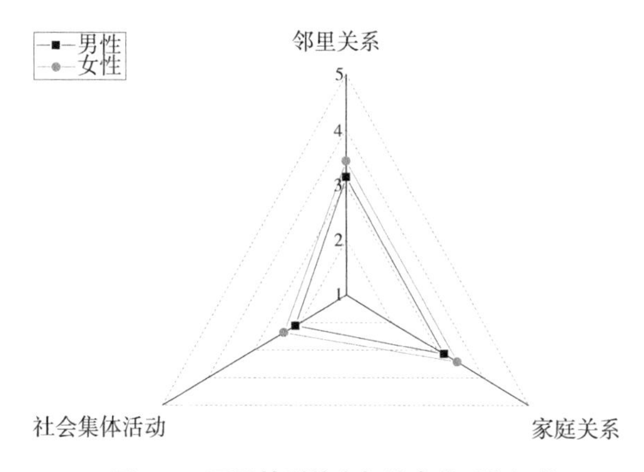

图 3-4　不同性别的良好社会关系指标值

Fig. 3-4　Differences of indicators of good social relations between sex

及 30~49 岁群体的邻里关系和家庭关系得分高于 50~69 岁和 70 岁以上的受访者。对于自由和选择的 3 项指标来说，70 岁以上的得分最高，而 30~49 岁群体最低（图 3-5）。

不同教育水平的受访者福祉之间存在差异，其中安全和良好的社会关系福祉差异显著（$P<0.01$）。随着教育水平的升高，安全福祉呈现出大体下降的趋势。究其原因，主要在于低教育水平（文盲和小学）的社会治安、食品安全和水质满意度最高，中等教育水平（初中或高中）的满意度次之，高等教育水平（大学及以上）的满意度最低。良好的社会关系则随着教育水平的升高呈现出增加的趋势，大学及以上的居民福祉得分最高，为 3.35。原因主要在于，邻里关系、家庭关系及社会集体活动 3 项指标均随着教育水平的升高而增加（图 3-6）。

不同收入的受访者基础物质需求、健康、良好的社会关系及自由和选择均存在显著的差异（$P<0.01$），并且随着收入水平的升高，呈现增加的趋势。主要原因在于，家庭年收入在 5 万以上

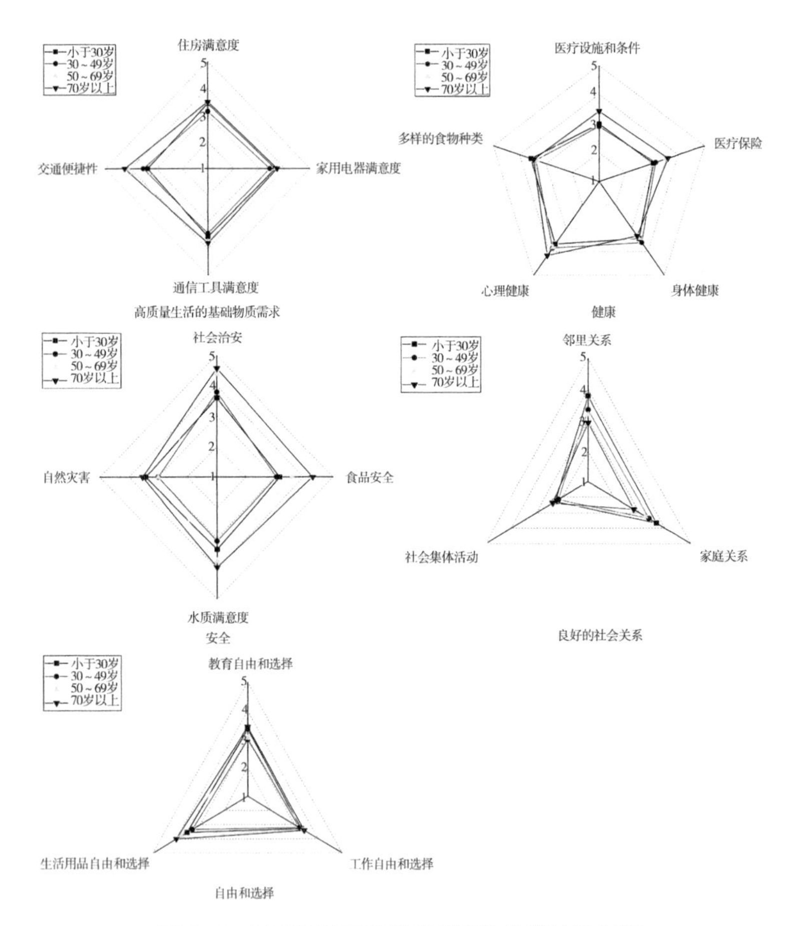

图 3-5 不同年龄组利益相关群体的福祉指标值

Fig. 3-5 Differences in well-being indicators among age groups

和 3 万~5 万的受访者其生活物质需求的 4 项指标均高于 1 万~3 万和 1 万以下的受访者（图 3-7）。在健康福祉中，健全医疗设施、医疗保险满意度和心理健康在不同收入水平中相差不大，而随着收入的降低，多样化的食物种类和身体健康指标值却明显地

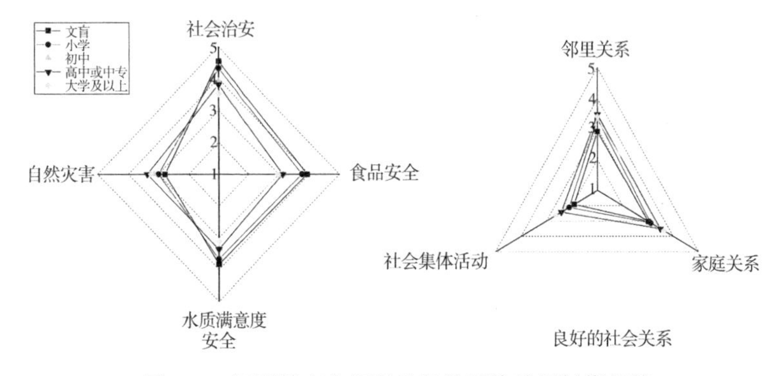

图 3-6 不同教育水平利益相关群体的福祉指标值

Fig. 3-6 Differences in well-being indicators among education levels

减小。良好社会关系的 3 项指标也均随着收入的升高，呈现增加的趋势。在自由和选择中，教育自由和选择及工作自由和选择在 5 万以上收入的受访者中最高，指标值分别为 3.49 和 3.81；1 万~3 万收入居民的教育自由和选择最低，仅为 2.96；1 万以下收入水平的工作自由和选择最低，为 3.03。

三、怀来山盆系统人类福祉空间分布

以乡镇行政单元为基本单位，利用 ArcGIS 平台进行空间制图，得到怀来县福祉的空间分布（图 3-8a），与怀来山盆系统功能带相结合，得到各功能带上的乡镇福祉的分布（图 3-8b）。结果表明，怀来县的福祉在空间上存在差异，各乡镇中狼山乡福祉最高，而沙城镇福祉最低，分别为 3.63 和 3.18。河谷平原带除沙城镇外，各乡镇福祉值均较高，主要由于河谷平原带地势平坦，适宜居住及农业生产，而沙城镇作为县政府所在地，外来人口较多、人为活动剧烈，生态环境脆弱，由生态系统服务空间上的供需关系可知，沙城镇的供需失衡较为严重。位于中山山地的王家楼回族乡、瑞云观乡和孙庄子乡的福祉较低，平均福祉值为

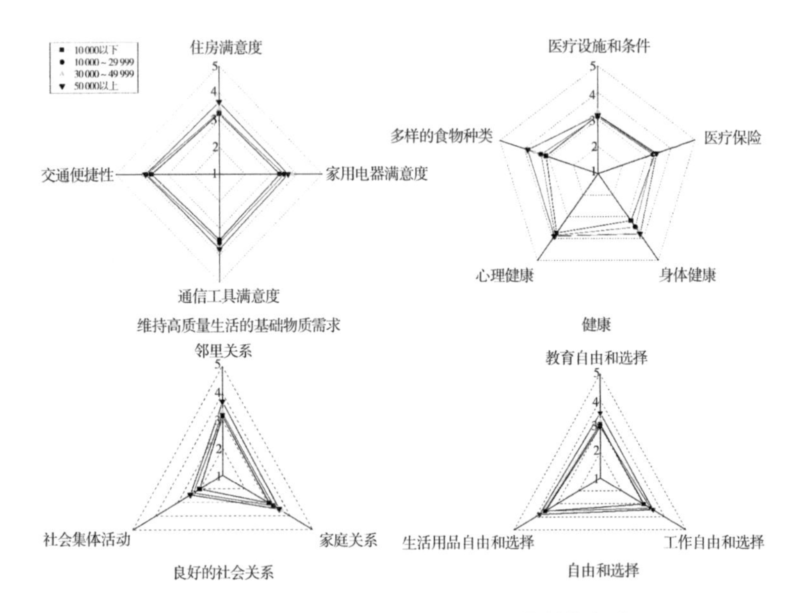

图 3-7　不同收入水平利益相关群体的指标值

Fig. 3-7　Differences in well-being indicators among income levels

3. 28；西北部山地丘陵过渡区的鸡鸣驿乡和新保安镇福祉也较低，平均福祉值为 3. 21。原因主要是这些地区地势复杂，交通不便，人均耕地面积较低，劳动力匮乏，人口老龄化严重，经济发展落后。

此外，具体分析怀来山盆系统各功能带的福祉组成要素得知（表 3-5），各功能带的 5 项福祉要素中，河谷平原和低山丘陵带的基础物质需求得分均为最高，其次为安全，良好的社会关系得分最低；中山山地表现为安全福祉最高，其次是高质量生活的物质需求。另外，各功能带之间的福祉水平存在差异，表现为：河谷平原的福祉最高，其次是低山丘陵，中山山地最低，分别为 3. 44、3. 35 和 3. 29；总体来看，河谷平原的 5 项福祉要素均较

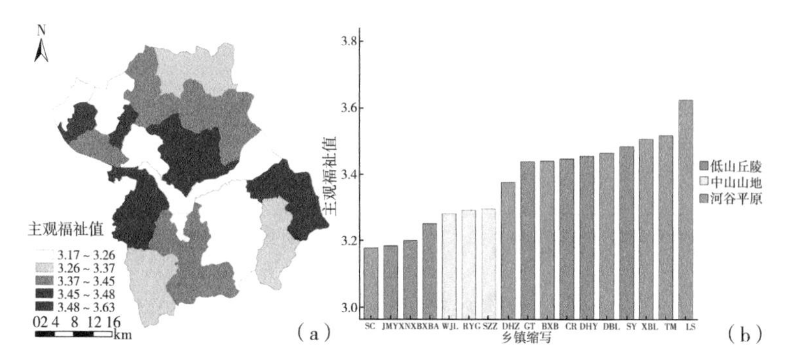

图 3-8　结合乡镇行政边界（a）和山盆系统功能带（b）的怀来县人类福祉空间分布

Fig. 3-8　Spatial distribution of human well-being combined with administration (a) and mountain-basin landscape (b)

高，其中高质量的物质需求、健康及自由和选择均显著高于中山山地区，低山丘陵仅健康要素值显著高于中山山地区（$P<0.05$），而河谷平原仅在高质量物质需求上显著高于低山丘陵区（$P<0.05$）。3 个功能带在安全和良好的社会关系福祉之间无显著差异（$P>0.05$）。因此，在怀来山盆系统可持续的福祉管理中，应重点提升各功能带相对薄弱的福祉要素，并加强空间上的福祉平衡。

表 3-5　怀来山盆系统功能带的人类福祉

Table 3-5　Human well-being across regions in Huailai mountain-basin system

福祉要素	中山山地	低山丘陵	河谷平原
维持高质量生活的物质需求	3.41 ± 0.73a	3.56± 0.96a	3.70± 0.75b
健康	3.22± 0.69a	3.42± 0.75b	3.50± 0.73b
安全	3.60± 0.65a	3.43± 0.76a	3.55± 0.74a

（续表）

福祉要素	中山山地	低山丘陵	河谷平原
良好的社会关系	3.06± 0.94a	3.06± 0.96a	3.10± 0.90a
自由和选择	3.15± 0.72a	3.28± 0.77ab	3.38± 0.74b
福祉得分	3.29± 0.45a	3.35± 0.55ab	3.44± 0.53b

注：数字后不同小写字母表示不同功能带间各福祉要素的差异显著（$P<0.05$）。

本研究提出了一种快速评估人类福祉的方法。人类福祉被看作是自然生态系统与人类社会之间的桥梁（Butler & Oluoch-Kosura，2006；Bieling *et al.*，2014），因此评估人类福祉的一种有效的方法是了解当地利益相关者的直接需求和满意度（Oswald & Wu，2010；Abunge *et al.*，2013；Iniesta-Arandia *et al.*，2014）。对主观福祉的评估还处于起步阶段，研究案例和方法较为缺乏（Quintas-Soriano *et al.*，2016）。维持并提高人类福祉是实现区域可持续发展的根本目的，可持续的福祉主要包括不同利益相关者之间福祉的均衡、空间上福祉的均衡分布以及时间上福祉的可持续（Wu，2013；Wang *et al.*，2017a；黄甘霖等，2016）。

对怀来县的评估结果表明，维持高质量生活的基础物质需求满意度最高，其次是安全和健康，而较高层次的良好的社会关系、自由和选择对福祉的贡献较低，这与马斯洛所划分的层次需求相对应。马斯洛人类需求层次理论将人类需求划分为 6 个层次，按优先顺序排序：生理需求，安全需求，爱与归属，自尊，自我实现和自我超越（Maslow，1954）。另外，研究结果表明，不同社会-经济特征（性别、受教育水平等）利益相关者的福祉组成要素水平存在差异。在前人的研究中，教育水平是影响福祉的一个重要指标，较高的教育水平与高福祉相关（Kapuria，2016），本研究细化了福祉的 5 项要素，结果表明，教育水平的提升对良好的社会关系、自由和选择均有益处。在空间上，怀来山盆系统人类福祉存在不均衡的现象，河谷平原的人类福祉较高，而中山山地的人类福祉较低。因此，管理实践中应重点关注福祉组成要素、空间上及利益相关者之间的福祉均衡性。

第三节　小结

本章利用面对面问卷调查的方法，评估了怀来县的人类福祉水平，分析了各福祉组成要素之间的差异；此外，探讨了社会-经济特征对人类福祉的影响；以乡镇行政单元为基本单位，并结合怀来山盆系统功能带，分析了人类福祉在怀来山盆系统中的空间分布特征；对有效的福祉提升及空间上的管理具有实践价值。具体结果如下。

（1）在福祉的5个组成要素中，维持高质量生活的基础物质需求、安全和健康的值较高，而较高层次的福祉（自由和选择及良好的社会关系）的得分较低，怀来县的人类福祉还处于较初级的阶段。住房条件、医疗设施和条件、自然灾害发生、教育和工作自由选择均具有较高的重要性，而相应的福祉得分却较低。说明这些指标存在需求和福祉实现之间的差异，是需要重点关注和提升的关键福祉指标。

（2）不同社会-经济特征对福祉产生影响。其中，女性的良好社会关系显著高于男性（$P<0.01$）；良好的社会关系则随着教育水平的升高呈现出增加的趋势；不同收入的居民基础物质需求、健康、良好的社会关系及自由和选择均存在显著差异（$P<0.01$），并且随着收入水平的升高，呈现增加的趋势。

（3）怀来县各乡镇福祉在空间上存在差异，狼山乡福祉最高，而沙城镇福祉最低；各功能带的5项福祉要素中，河谷平原和低山丘陵带的基础物质需求得分均为最高，其次为安全；中山山地表现为安全福祉最高，其次是高质量生活的物质需求；河谷平原的福祉最高，其次是低山丘陵，中山山地最低；除安全外，河谷平原的4项福祉要素均为最高，低山丘陵仅健康要素得分显著高于中山山地区（$P<0.05$）。在怀来山盆系统可持续的福祉管理中，应重点提升各功能带相对薄弱的福祉要素，并加强空间上的福祉平衡。

第四章　结合生态系统服务和人类福祉的怀来可持续发展范式研究

怀来山盆系统具有重要的区位优势和独特的地貌特征，在京津冀协同发展的大背景下，发挥环首都重点生态功能区生态功能的同时提升本地福祉，是该区可持续发展范式构建的关键。本研究按乡镇行政边界选取区域样本，行政单位是生态管理和政策制定最直接的单元。怀来县位于我国北方农牧交错带的东段南缘，北京的上风向，2016 年纳入国家重点生态功能区，在京津冀协同发展的大背景下，怀来县具有重要的区位和生态优势。不仅如此，怀来县还具有独特的地貌类型，境内南北群山起伏，形成独特的“V”字形地质结构和狭管状地形。景观的差异造成了生态系统服务空间分布的不同，结合地貌特征的功能带划分，是怀来山盆系统范式建立的基础。如何在发挥生态功能区对首都及周边区域生态支撑作用的同时，兼顾怀来县自身福祉的提升，是当前怀来县可持续发展的目标和重点。本研究为生态系统服务由理论走向管理实践，以及可持续发展范式的建立提供案例基础，具有重要的理论意义和现实价值。生态系统服务和人类福祉是表达区域可持续性的两个基本方面，维持和改善生态系统服务是实现区域可持续发展的基本条件，提高人类福祉是实现区域可持续发展的根本目的（MA，2005；Wu，2013；郑华等，2003）。可持续发展范式的建立既要立足于当前的客观存在，又要考虑历史发展，更要具有前瞻性（张新时，2008）。前人曾基于土地利用格局优化、生态环境和人文经济特征，构建了怀来山盆系统生态-生产范式（娄安如，2001；赵云龙，2003；张新时等，2008），但是随着时代不断发展，怀来山盆系统的发展产生了新的需求和挑战。目前，可持续的生态系统服务供给以及人类福祉的提升是该区发展的主要目标。因此，本章首先基于前文的研究结果，尝试探索以下问题：(1) 在乡镇尺度上，基于生态系统服务和人类福祉的空间关系视角，对怀来县进行分区；(2) 建立生态系统服务供需关系与福祉要素的联系，在此基础上，结合研究区生态和社会经济背景、已构建的怀来优化生态-生产范式体系概略（Tang & Zhang，2003；赵云龙，2003；张新时等，2008）以及未来气候变化情景（许颖，2016），对怀来县未来生态系统服务和人类福祉变化进行大致的预判；(3) 针对以行政单位作为基本单元进行分区的局限性，进一步发展和细化怀来山盆系统生态-生产范式体系。定性与定量数据相结合，生态、生产与生活相结合，在减缓和适应气候变化的同时，长期维持和改善生态系统服务与人类福祉，以便更好地服务于当地政府的管理与决策制定。

生态-生产范式最早见于《草地的生态经济功能及其范式》一文，范式是指生态管理系统、区域性景观格局与功能带组合配置的范例，这种范式因时因地而异（张新时，2000）。目前，国内提出的范式主要包括：天山北部山地-绿洲-过渡带-荒漠系统范式、毛乌素沙地三圈范式、黄土高原范式、松嫩平原碱化草地区范式和怀来山盆系统范式（Zhang，2001；Tang & Zhang，2003）。对于怀来山盆系统范式研究最早由娄安如（2001）将怀来县分为三大功能带：河谷川地高效经济产业带、丘陵农牧过渡带和山地生态保育功能带；Tang 和 Zhang（2003）在此基础上提出环库水源保护人工林灌草带、河谷平原高效经济带、丘陵人工草地和舍饲养畜带以及山地森林生态保育带 4 个功能带（图 4-1）。

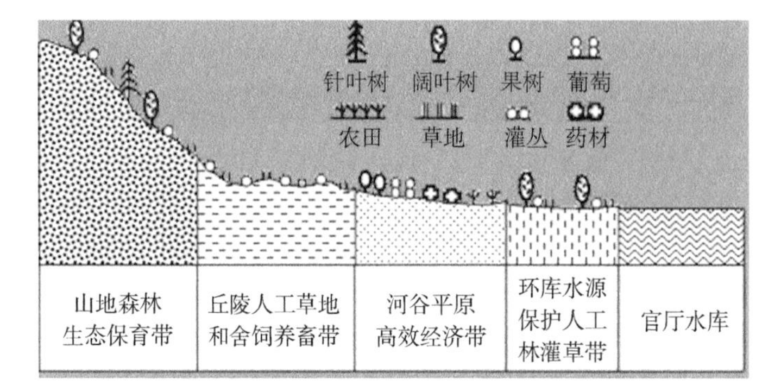

图 4-1 怀来山盆系统功能带坡面示意（Tang & Zhang，2003）

Fig. 4-1 The slope diagram of the function belts of Huailai mountaion-basin system

此外，赵云龙等（2004）基于土地利用结构优化构建了怀来山盆系统“山间盆地-低山丘陵-中山山地”生态-生产范式；张新时等（2008）建立了怀来山盆系统的“三圈五带”，包括山间盆地的官厅水库、环库水源保护带、河谷平原高效农业经济带、低山丘陵区的低山丘陵林（果园）灌草带、中山山地区的中山山地林灌生态保育带；钟华（2014）结合土地利用适宜性和生态承载力对怀来县土地资源进行了生态功能分区；许颖（2016）对怀来县进行了土地利用适宜性评价，并结合气候变化情景为当地调整景观格局应对气候变化提供建议。综上可知，怀来山盆系统的范式研究大多基于地貌特征、社会经济和产业发展或土地利用结构，而随着生态学和可持续性科学的发展，提高人类福祉成为实现区域可持续发展的根本目的，维持和改善生态系统服务是实现区域可持续发展的基本条件（MA，2005；Wu，2013；张永民和赵士洞，2010；邬建国等，2014；王博杰和唐海萍，2016），可持续发展范式的构建体系有待进一步研究，生态系统服务和人类福祉需要结合并纳入范式体系，并将成为一个重要指标。

第一节　怀来县生态和社会经济背景分析

一、研究区概况

1. 自然概况

（1）地理位置

怀来县地处北方农牧交错带的东段南缘，介于北纬 40°04′10″~40°35′21″，东经 115°16′48″~115°58′0″。毗邻首都北京，与北京市的平均距离仅为 100km，是河北省环首都 14 个县区之一，也是京张奥运通道的重要节点。位于北京市的上风向，有“北京后花园”之称，是首都生态环境的屏障和支撑，2016 年纳入国家重点生态功能区。由于地理位置的优势，怀来县也成为北京工农业产品的重要供应地之一。怀来县总面积为 1 801.08 km^2，境内共 17 个乡镇，官厅水库位于中间，是中华人民共和国成立后建设的第一座大型水库，北京市工业和生活用水的备用水源地。此外，在京津冀协同发展的大背景下，怀来县的生态环境改善和社会经济发展都与整个地区密切相关，具有重要的区位和生态优势。

（2）地质地貌

怀来县是连接第一阶地华北平原农业区与第二阶地坝上高原及内蒙古草原的过渡地带，境内群山起伏，北依燕山山脉，南接太行山脉的余脉，官厅水库位于中部（娄安如，2001）。山势北高南低，中间为自然盆地，形成独特的“V”字形结构，海拔在 394~1 978 m，最高点位于北部水口山大黑峰，最低点是南部河谷地带的幽州村，平均海拔 801.6m。怀来县可分为山区、丘陵区、河川区和水域等地貌类型，其中，中山山地（海拔为 1 000 m 以

上）位于怀来县南北两端，占研究区面积的 24.93%；低山丘陵（海拔为600~1 000m）介于盆地向南北两山过渡的区域，占总面积的 38.19%；中部是桑干河、洋河、妫水河等冲积而成的宽谷盆地地形，占总面积的 36.88%（张新时等，2008）。各地貌类型实地调查的景观照片如图 4-2 所示。

图 4-2　怀来山盆系统地貌类型景观照片

Fig. 4-2　The landscape pictures of Huailai mountain-basin area

（3）气候与水文

怀来县位于我国湿润气候向半湿润气候过渡的区域，由于境内海拔相差比较悬殊，气温分布具有准垂直地带性，年均气温为8.9℃（许颖，2015）。受盆地效应与南北山脉的雨影作用的影响，怀来县的降水量低于北京地区，年均降水量仅为391.3mm。降水主要集中在6、7、8月，占年降水量的69%。年平均风速2.8 m/s，历史上有记载的最大风速为23 m/s。干旱、风雹、霜冻是怀来盆地农业生产的主要灾害性天气。怀来县水资源总量$1.708\times10^8 m^3$（不包括过境水），怀来县境内有永定河、洋河、桑干河和妫水河4条过境河流，属于海河支系，洋河向东南流经鸡鸣驿乡、西八里镇和大黄庄镇，在朱官屯村附近与桑干河汇合，流经沙城镇，在桑园镇流进官厅水库。怀来县水资源较为丰富，但水资源分布极不均衡，官厅水库周边水资源丰富，而南北山区水资源较为紧张。

（4）土壤与植被

研究区内包括棕壤、褐土、草甸土、水稻土、灌淤土和风沙土6种土壤类型，其中褐土分布范围最广，约占研究区总面积的85.56%。怀来县土壤类型在空间上存在较大的差异，河谷平原主要分布着碳酸盐褐土；水库和河道两边为草甸土、草甸灌淤土和草甸褐土等；南部丘陵、山地区主要为碳酸盐褐土，土层薄，易发生侵蚀；北部丘陵和山地分布着较多的棕壤和部分淋溶褐土、褐土性土，土壤较肥沃。在植被类型上，怀来县位于我国400 mm等雨线区域的东部边缘，地带性植被为森林草原植被类型，由于长期受到人为活动的干扰，地带性植被破坏严重，逐渐被次生植被所取代。总的来说，山区林地主要以桦树（*Betula* spp.）、山杨（*Populus davidiana*）、栎属（*Quercus* spp.）为主；人工林以种植油松（*Pinus tabulaeformis*）为主；丘陵山麓分布着灌丛植被，以三裂绣线菊（*Spiraea trilobata*）、荆条（*Vitex ne*

gundo）、山杏（*Armeniaca sibirica*）、虎榛子（*Ostryopsis davidiana*）和河朔荛花（*Wikstroemia chamaedaphne*）为主。

2. 社会经济概况

怀来县由 17 个乡镇组成，2014 年全县总人口为 358 061 人，其中农业人口为 249 644 人，占总人口的 69.72%。从受教育程度上，初中和小学文化程度人口最多，分别为 73 153 和 56 516 人。地区生产总值为 1 240 577 万元，其中第一产业为 1 79 793 万元，占 14.49%；第二产业为 3 37 646 万元，占 27.22%；第三产业为 7 23 138 万元，占 58.29%。农业总产值中农业和牧业产值所占比例较大，分别为 63.34% 和 30.93%。农民人均纯收入为 12 107 元。怀来县交通运输便捷，是北京西出晋蒙的第一站，境内京包、丰沙、大秦、沙蔚铁路过境，京藏、京新等高速公路和 110 国道、宝平、康祁等国省干线贯穿。怀来还将建设 6 个促进交通一体化的重点项目，如国道兴阳线（G234）康庄至镇边城段改建工程。除此之外，北京-张家口联合举办冬奥会以来，京张高铁作为国家重点工程，怀来段占据河北段一半的建设里程，将极大促进北京-怀来-张家口的社会和经济交流，并且奥运迎宾廊道绿化工程还将进一步扩充京藏高速（G6）怀来段两侧绿化至 100m，怀来县境内国道、省道将实现绿化带全覆盖。

二、生态环境特征分析

1. 气候特征分析

本研究利用 1954—2015 年怀来县气象台站的逐月气温和降水资料，计算逐年平均值，采用 5 年滑动平均及气候倾向率来分析气温和降水年际间的变化趋势，如图 4-3 所示。1954—2015 年怀来县年平均气温呈现增加的趋势，年均温在 7.53~11.22℃，上升速率为 0.33℃/10a（$P<0.01$）。1954—2015 年怀来县年降水量呈波动下降的趋势，年降水量在 191.6~569.5mm，气候倾

向率为-12. 5mm/10a。

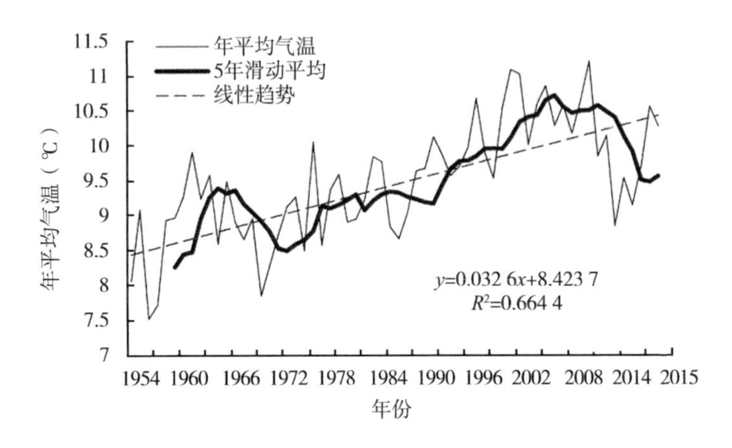

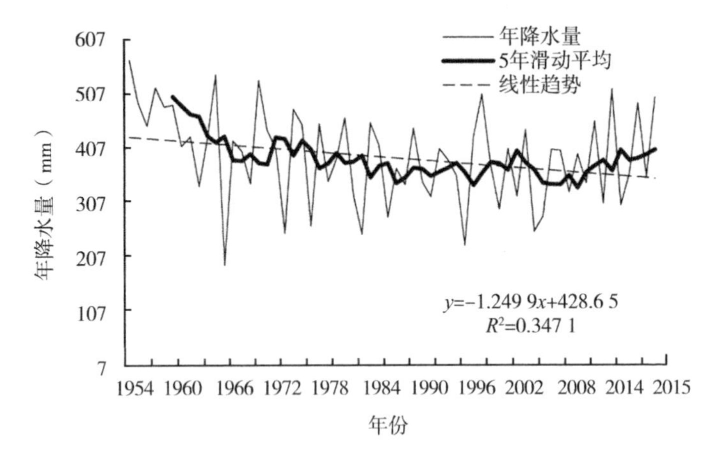

图 4-3　1954—2015 年怀来县气温和降水变化趋势

Fig. 4-3　The trend of tempreture and precipitation in Huailai county in 1954—2015

利用距平值来表示每年和各年代相对于整个时期平均值的高

与低，由图4-4可知，1954—2015年怀来县年均气温呈现由负距平转变为正距平的趋势，1956年负距平值最大，为-1.98℃，2007年为正距平值最大，为1.70℃。20世纪50—80年代为负距平，表现为年代均温小于1954—2015年的平均值，其中20世纪60—80年代负距平值有减少的趋势；90年代以后呈现正距平，年代均温高于整个时期（1954—2015年）的平均值。2000—2010年正距平值最大，2010年以来增温幅度有所下降

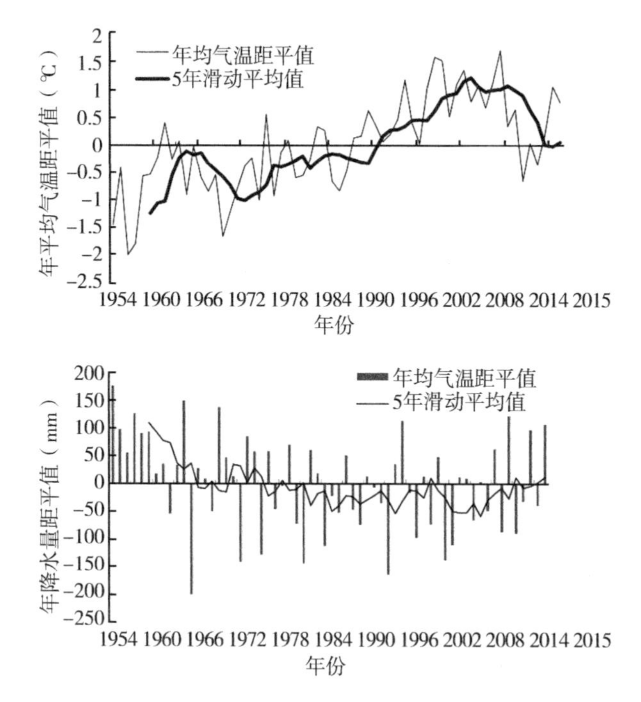

图4-4　1954—2015年怀来县气温和降水距平值变化趋势

Fig. 4-4　The variation trend of tempreture and precipitation anomalies in Huailai county in 1954—2015

(表 4-1)。1954—2015 年怀来县年降水量距平值波动较大，1965 年负距平值最大，为-200.73mm，1954 年正距平值最大，为 177.16mm，20 世纪 50—70 年代为正距平，并且呈现距平值不断减少的趋势，其中 50 年代正距平最大，是整个时期降水最多的年代，距平值达到 107.08mm；80 年代至 21 世纪初为负距平，其中 80 年代是整个时期降水最少的年代，2010—2015 年降水量增加，转变为正距平。

表 4-1　怀来县气温和降水量距平年代际变化

Table 4-1　Decadal variation of tempreture and precipitation anomalies in Huailai county

年代	1954—1959	1960—1969	1970—1979	1980—1989	1990—1999	2000—2010
气温距平值（℃）	-1.12	-0.46	-0.46	-0.13	0.68	0.79
降水距平值（mm）	107.08	10.71	1.17	-39.56	-21.90	-17.26
水热组合	冷湿	冷湿	冷湿	冷干	暖干	暖干

2. 土壤特征

(1) 土壤类型分布

怀来县共有 6 种土壤类型、10 个亚类，分别是棕壤（棕壤）、褐土（淋溶褐土、褐土性土、碳酸盐褐土、草甸褐土）、草甸土（草甸土、盐化草甸土）、水稻土（潜育型水稻土）、灌淤土（草甸灌淤土）和风沙土（图 4-5）。褐土分布最广，是该区的地带性土壤类型。在空间上土壤类型存在差异，棕壤分布在南北两山海拔 1 200m 以上的中山山地，在中山山地与低山丘陵的过渡带分布着淋溶褐土，低山丘陵的顶部和阳坡有褐土性土分布。碳酸盐褐土亚类分布最为广泛，主要位于低山丘陵和黄土丘陵洪冲积扇上部及河谷地带的部分高阶地上，其中，北部丘陵主要是黄土母质碳酸盐褐土、洪冲积物碳酸盐褐土和风积物碳酸盐

褐土，可用作耕种，而南部丘陵大量分布残坡积物碳酸盐褐土，土层较薄，砾石含量偏多，养分含量低，不适宜耕作。其他适宜耕作的土壤为草甸土、草甸灌淤土，主要分布在洋河河漫滩低阶地及水库两岸。

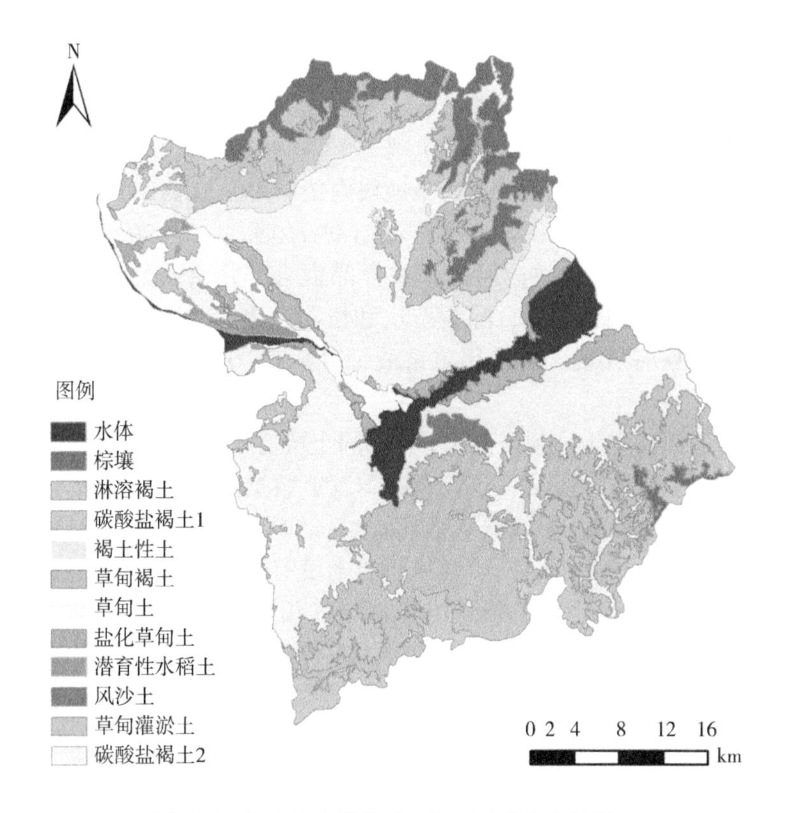

图 4-5　怀来县土壤类型（怀来县农业农村局）

Fig. 4-5　The soil types of Huailai county

注：碳酸盐褐土 1 为残坡积物碳酸盐褐土；碳酸盐褐土 2 主要为黄土母质碳酸盐褐土、洪冲积物碳酸盐褐土、风积物碳酸盐褐土。

（2）土壤有机碳含量

土壤调查于2014年8—9月进行，根据怀来山盆系统的土地利用特点，选取天然林地、人工林地、农田、草地、果园、灌丛6种土地利用类型。天然林地（NF）的优势植物为山杨（*Populus davidiana*），人工林地（AF）的优势植物为油松（*Pinus tabulaeformis*），灌丛（BW）的优势种为三裂绣线菊（*Spiraea trilobata*）和荆条（*Vitex negundo*），农田（FL）选取广泛种植的玉米地，果园（OL）选取枣树和杏树园。每种土地利用类型设置3~5个地块，每个地块内按对角线选取3个采样点，采用土钻法分层采集土壤样品（0~10cm、10~20cm、20~30cm），将每个地块同层的土壤样品混合，并用四分法采集土样。土样带回实验室，除去石块和植物残体等，风干，过2mm筛。土壤有机碳含量采用重铬酸钾（$K_2Cr_2O_7$）氧化外加热法测定。

对于不同土地利用方式下，不同土层之间的土壤有机碳含量进行单因素方差分析（ANOVA）。以上数据的整理和分析均在Excel 2016和SPSS 20.0下完成。

在0~10cm土层，天然林地的土壤有机碳含量最高，达到23.91g/kg，显著地（$P<0.05$）高于农田（12.34g/kg）和果园（8.76g/kg），灌丛和人工林的土壤有机碳含量与天然林间差异不显著（图4-6）。在10~20cm土层，土壤有机碳含量的排序为天然林地>灌丛>果园>人工林地>农田，但不同土地利用间差异不显著（$P>0.05$）。在20~30cm土层间，天然林地的土壤有机碳含量最高，为15.41g/kg，除人工林地外，与其他4种土地利用差异显著（$P<0.05$）。表层土壤中，果园的土壤有机碳含量最低，其次是农田。人为的开垦和耕种破坏了土壤原有的结构，导致土壤碳素的大量流失（Brown & Lugo，1990）。天然林地和人工播种林地主要分布在山地带，灌草丛主要分布在丘陵带，果园

分散在低山丘陵、丘陵和平原的过渡带，而农田分布在河谷平原带，因此，山地带土壤有机碳含量较丘陵和平原带高，天然景观较人工景观的土壤有机碳含量高。

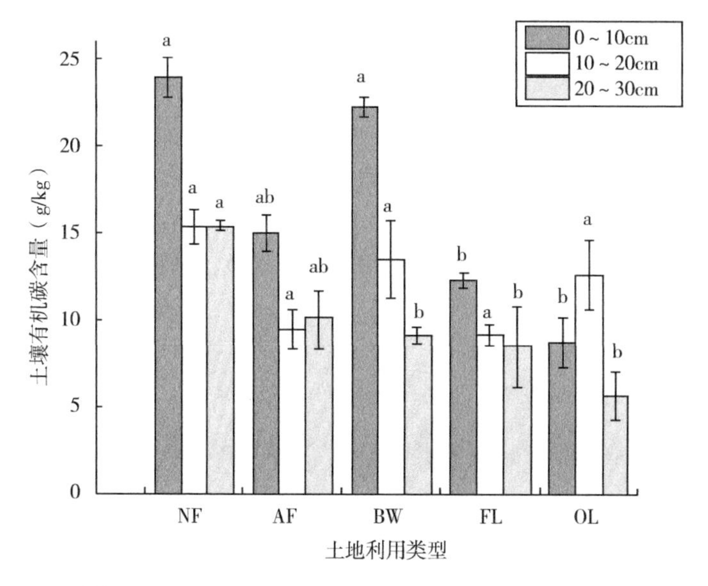

NF，天然林地；AF，人工林地；BW，灌丛；GL，草地；FL，农田；OL，果园

图 4-6　不同土地利用方式下不同土层深度的土壤有机碳含量

Fig. 4-6　Soil organic carbon content in different soil depth within different land use stypes

注：图标上方不同小写字母表示同一土层不同土地利用方式间的差异显著（P<0.05）。

（3）植物群落特征

在参考 1∶100 万的植被类型图及研究区生长季的初步野外探查之后，于 2015 年 8 月对研究区主要的 9 种群落类型（表 4-2）进行调查，每个乔木样地设置 1 个 20m×20m 的乔木样方，4 个 2m×2m 的灌木样方和 1m×1m 的草本样方。每个灌木样地设置 3 个 2m×2m 灌木样方，每个灌木样方再沿对角线设置 3 个 1m×1m 的草本样方。乔木种记录种名，测量胸径≥3cm 的植株胸径、高度、株数及存活状态；灌木种记录种名、盖度、高度和基径；草本记录种名、盖度、高度和密度。

通过上述直接测度指标，计算物种在群落中的重要值，公式为：

乔木重要值=［相对密度+相对优势度（相对胸高断面积）+相对高度］/3

灌木重要值=（相对高度+相对盖度）/2

草本植物重要值=（相对高度+相对盖度+相对密度）/3

植物群落的多样性指数采用丰富度指数、物种多样性指数和均匀度指数（马克平等，1995；方精云等，2009），计算公式如下：

①物种丰富度 S=出现在样方内的物种个数

②Shannon-Wiener 指数 $H' = -\sum_{i=1}^{s} P_i \ln P_i$

③Pielou 均匀度指数 $E = H'/\ln S$

由怀来县 9 种主要植物群落类型的物种多样性、丰富度和均匀度指数可知（表 4-2），丰富度指数、多样性指数和均匀度指数表现出基本一致的趋势。结构复杂的森林群落的多样性指数较其他群落高，群落 3 是山杨-白桦林，位于海拔 1 400 m 以上的中山山地，土壤和水分条件好，群落结构复杂，物种丰富度、多样性和均匀度均最高，群落 1 是白桦林，各指数值低于山杨-白桦林，说明混交林的物种多样性较纯林为高。群落 2 是人工油松林，乔木层及林下植物结构单一，其物种丰富度、多样性和均匀度指数均低于群落 1 和 3。群落 7 为河朔荛花灌丛，分布在海拔较低的丘陵带以及丘陵和平原过渡带，人为干扰较大，物种多样性和丰富度均较低。

表 4-2　怀来县主要植物群落类型的物种多样性、均匀度指数和物种丰富度指数

Table 4-2　The species diversity, evenness and richness of the main pant communities in Huailai county

群落类型	丰富度指数（S）	Shannon-Wiener 指数（H'）	均匀度指数（E）
白桦林 *Betulaplatyphylla* forest	10	3.2581	1.4005
人工油松林 *Pinustabulaeformis* plantation	9	2.3279	1.0405
山杨-白桦林 *Populusdavidiana+Betula platyphylla* forest	11	3.5112	1.4810
三裂绣线菊灌丛 *Spiraeatrilobata* shrub	6	1.6554	0.9236
虎榛子+小叶锦鸡儿灌丛 *Ostryopsis davidiana + Caragana microphylla* shrub	8	1.6290	0.7553
虎榛子+三裂绣线菊灌丛 *Ostryopsis davidiana + Spiraea trilobata* shrub	7	1.1781	0.5776
河朔荛花灌丛 *Wikstroemia chamaedaphne* shrub	6	1.1282	0.6015
杂类草 Forbs grassland	8	2.0112	0.9571
白羊草群落 *Bothriochloa ischaemum* grassland	3	0.7990	0.8469

(4) 土地利用结构

土地利用数据以 Landsat TM（2005、2010 年）和 Landsat OLI_ TIRS（2015 年）为数据源，行列号 124/32，空间分辨率为 30m。通过监督分类进行解译。参考已有土地利用分类体系，并综合考虑了获取影像的实际可解能力、前人研究和本研究需要，将土地利用类型分为林地、灌丛/草地、园地、耕地、水域和城乡建设用地（表 4-3）。分类样本均匀、随机地分布在整幅影像，并且利用 ENVI 的 Jump to Location 的功能，使得样本在 Google Earth 高清影像中做进一步判读，增加样本选择的准确性。解译结果如图 4-7 所示。最后，参考 Google Earth 高清影像和 2015 年怀来县土地利用野外调查数据，对分类结果进行精度评价。2005 年、2010 年和 2015 年怀来县的总体分类精度分别为 85%、87%和 88%，Kappa 系数分别为 82%、83%和 85%，能满足本研究需求。以上所有的栅格数据最终被统一为一致的投影坐标和空间分辨率（30m）。

表 4-3　土地利用类型和含义

Table 4-3　The land use type and its implications

土地利用类型	含义
耕地	包括旱地、水浇地等
园地	指研究区内各种园地，包括苹果、葡萄、海棠、杏等
林地	包括林地、疏林地和灌木林地
城乡建设用地	包括城乡居民点、工矿用地和交通用地
水域	包括水库和河流
灌丛/草地	包括灌草丛、灌丛、草地和难利用用地

注：根据文献（贺文龙等，2016）数据，怀来县裸地、沙地等难利用用地面积共 2 117.53 hm^2，占研究区总面积的 1.18%；由于面积较小，同时遥感解译时不易与研究区内的灌草丛、灌丛、草地区分，故本文将灌草丛、灌丛、草地和难利用用地划为一类，并合称为灌丛/草地。

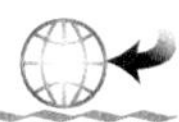

由图 4-7 可知，林地成片状或块状分布，主要分布在南北中山山地和山地与丘陵的过渡区，灌丛/草地主要分布在南部和北部低山丘陵区，耕地、园地和城乡建设用地相互嵌套分布，城乡建设用地主要集中在中西部河谷平原，耕地主要分布在洋河冲

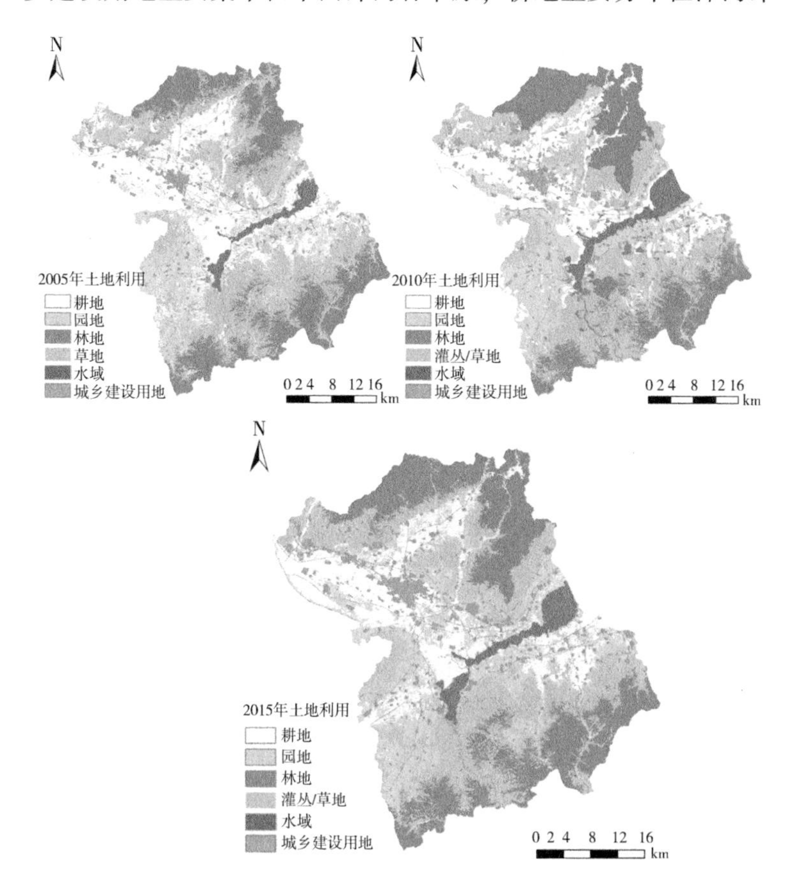

图 4-7　怀来县 2005 年、2010 年和 2015 年土地利用空间分布

Fig. 4-7　Land use spatial distribution of Huailai county in the year of 2005，2010 and 2015

击物形成的西部平原，南北两山的沟域地带也有少量分布，园地在官厅水库周边和低山丘陵带均有分布。利用 ArcGIS 的空间分析功能，统计上述 3 个时期土地利用构成及变化（表 4-4）。

表 4-4　怀来县 2005—2015 年土地利用面积及比例

Table 4-4　Land use area and propotion of Huailai county during 2005 to 2015

土地利用类型	2005 年		2010 年		2015 年		2005—2015 变化量
	(hm^2)	(%)	(hm^2)	(%)	(hm^2)	(%)	(hm^2)
耕地	45 652.77	25.59	30 573.99	17.14	29 595.06	16.59	-16 057.71
园地	25 086.60	14.06	36 098.91	20.24	39 281.76	22.02	14 195.16
林地	35 745.93	20.04	42 076.62	23.59	41 851.53	23.46	6 105.60
灌丛/草地	58 709.19	32.91	51 981.35	29.14	50 441.58	28.27	-8 267.61
城乡建设用地	8 904.48	4.99	11 128.48	6.24	11 504.97	6.45	2 600.49
水域	4 299.39	2.41	6 539.01	3.67	5 723.46	3.21	1 424.07

由表 4-4 可知，2005 年灌丛/草地面积最大，占总面积的 32.9%，其次是耕地和林地；2010 年和 2015 年灌丛/草地的面积最大，其次是林地和园地。与 2005 年相比，2015 年耕地面积大幅减小，农业产业结构发生改变，园地的面积大幅增加；随着人口的增加，城乡建设用地不断扩增；另外，由于生态保育工程的实施，林地面积也有所增加，但北部山地丘陵过渡带林地的面积表现为先增加后减少，主要是由于该区耕地、园地的扩增，因此，在重点生态保育带实施封山育林、飞播等保育措施外，应加强山地丘陵过渡带，尤其是邻近建设用地、耕地等地的自然植被保育。

三、社会经济特征分析

1. 数据来源

本研究基于客观统计数据及主观认知数据来分析怀来县的社会经济发展情况，客观数据来源于2001—2015年的怀来县统计年鉴，主观数据来源于怀来县5个具有代表性的行政村的访谈式调查问卷，各村问卷调查的基本信息见表4-5。问卷调查时间为2016年8月，调查户数为140户，每户调查时间在20~30min，除去数据缺失问卷，共获取有效问卷134份，涉及的家庭收入值为2015年数据。另外，结合项目组于2002年的调查结果，分析怀来县社会经济特征的发展变化。

表4-5　5个代表村的基本信息情况

Table 4-5　The basic information of 5 representative villages

村名	2002年调查户数	2016年调查户数	代表村的社会经济特点
王家楼乡站家营村	18	24	大路菜为主，兼有玉米种植、山羊养殖等
小南辛堡乡大古城村	22	19	玉米、果园共存的多元种植业
桑园镇夹河村	22	30	葡萄专业村
沙城镇宋家营村	29	31	奶牛专业村，玉米、蔬菜种植
大黄庄镇大黄庄村	40	30	水稻、玉米为主种植业，果园退化严重

2. 社会经济分析

怀来县的社会经济稳步发展，2001—2015年地区生产总值不断提高（图4-8），15年间增加了4.8倍，年均增长率为13.6%。三次产业结构占比由13.5∶40.7∶45.7演进为13.6∶25.6∶60.7，一产所占比重保持稳定，二、三产业结构发生调整。第一产业呈现整体增加的趋势，增加值为145 176万元，对地区生产总值的贡献率一直较为稳定；第二产业在2001—2012年间呈现增加趋势，之后3年有所下降，GDP占比由40.7%下降到25.6%；第三产业整体表现为增加趋势，2004年第一次突破50%比重，到2015年提高至60.7%。

从农林牧渔产值来看，农业产值所占比重最大，其次是牧业，林业和渔业所占比重较小（图4-9）。2015年农林牧渔业占比分别为63.34%、2.66%、30.93%和3.08%。农业和牧业产值占比的波动较大，农业所占比重2007年最低，为43.1%；而牧业所占比重2007年达到最高，为45.7%。农林牧渔产值不断增加，15年分别增加了5.6、5.2、5.5和4.5倍。

在乡镇尺度上，2014年农村家庭纯收入如图4-10所示，沙

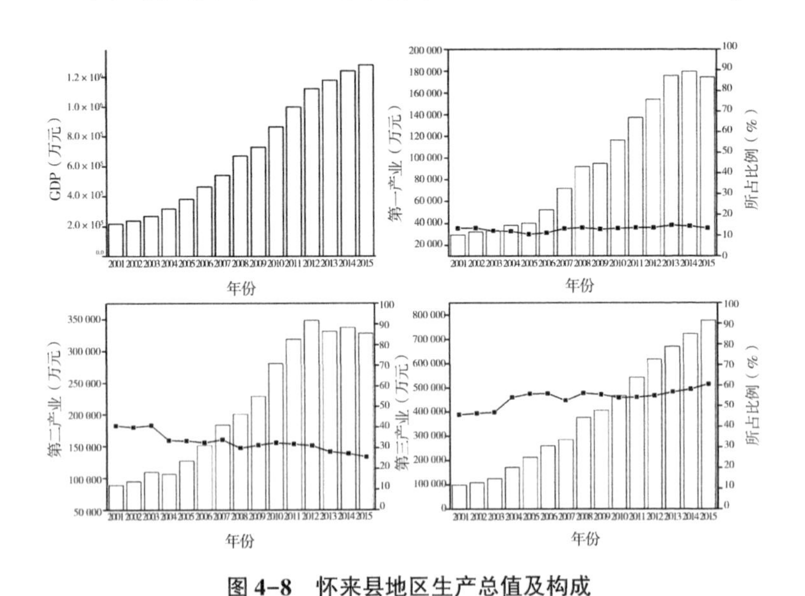

图4-8　怀来县地区生产总值及构成

Fig. 4-8　The GDP and its composition of Huailai county

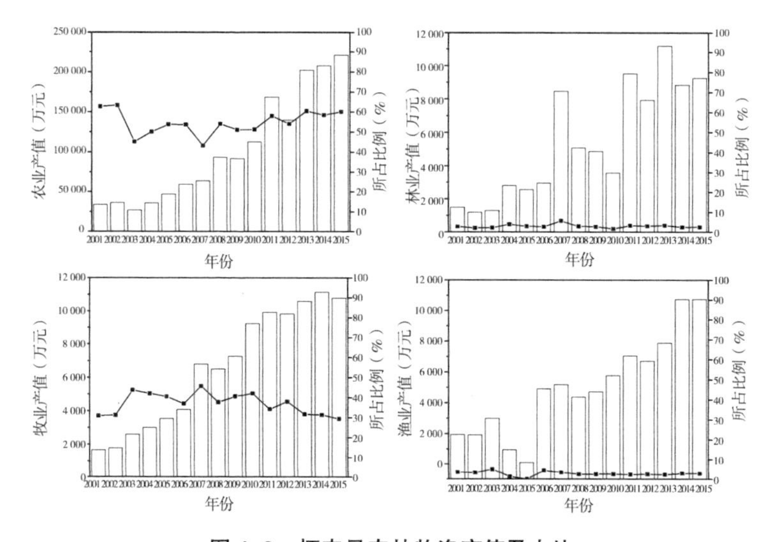

图 4-9　怀来县农林牧渔产值及占比

Fig. 4-9　Agriculture production value and its percentage of Huailai county

城镇是县政府所在地，经济活动较强，农村家庭纯收入最高，为 14 350 元；其次是桑园镇，桑园镇是怀来县特色水果——葡萄的主产区，因此家庭纯收入较高；而瑞云观乡、存瑞乡、王家楼乡和孙庄子乡的农村家庭纯收入较低，其中孙庄子乡最低，仅为 6 551 元。以上乡镇主要位于中山山地区，地势复杂，耕地面积较少，缺乏特色产业，家庭纯收入较低。另外，沙城镇、桑园镇和鸡鸣驿乡各村的农村家庭纯收入差异较大。

3. 农户社会经济认知

为了解农户对当地社会经济的认知，以 5 个具有代表性的行政村作为调查对象，试图探究怀来县社会经济发展的困境及 15 年来的发展变化。基于此，问卷内容主要分为以下几个方面：（1）基本经济状况及生活问题；（2）对教育的认知；（3）对生

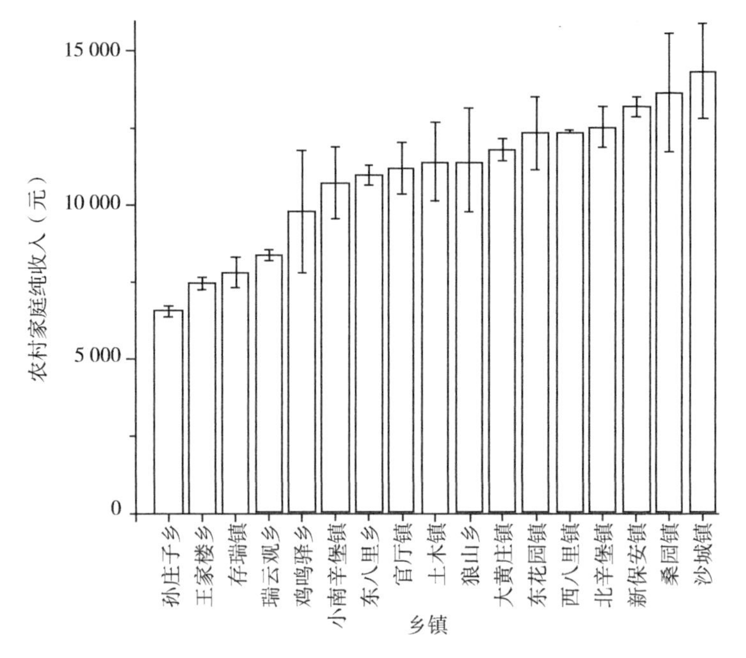

图 4-10　怀来县各乡镇农村家庭纯收入

Fig. 4-10　Rural house net income of each township in Huailai county

态环境现状的认知；（4）对农业发展及技术的需求。

由表 4-6 可知，受访者认为政府支持不足和缺乏产业带动是限制怀来县经济发展的主要因素，分别占总调查户数的 54.55%和 36.36%（2002 年）、40.30%和 68.66%（2016 年）。2016 年缺乏产业带动这一限制因素所占百分比提升了 32.3%，而政府支持不足所占比重有所下降。另外，土地资源短缺所占比重增加，2016 年达到总调查户数的 27.61%。农户对经济发展的认知表明，缺乏产业带动是当前最迫切需要解决的问题，比如宋家营村奶牛养殖户减少的原因主要是乏缺乏牛奶企业的收购，应

加强乡镇特色产业的培植，改变一家一户的经营现状，并延伸相关产业链条，解决农产品销售途径的问题。此外，政府对经济产业的支持还需要进一步加强，土地资源短缺对经济发展的重要影响应该受到管理者的重视。

表 4-6　制约怀来县经济发展的主要因素

Table 4-6　The main factors restricting Huailai county's economic development

限制因素	2002		2016	
	户数	比例（%）	户数	比例（%）
政府支持不足	71	54.55	54	40.30
生态环境恶化	7	5.45	10	7.46
交通不便	7	5.45	16	11.94
土壤贫瘠	19	14.55	9	6.72
缺乏产业带动	48	36.36	92	68.66
土地资源短缺	5	3.64	37	27.61

注：本项目为多选。

5个代表村2015年的人均纯收入如图4-11所示，以葡萄种植为主体的夹河村人均纯收入最高，达到5 053元，受访者普遍反映缺乏种植的新技术；其次是以玉米、水稻等传统农业种植为主的大黄庄村，人均纯收入为4 682元；以玉米、海棠为主要种植作物的大古城村，由于近年来果园大面积退化等原因，造成人均收入较少，为3 631元；以大路菜和玉米种植为主的王家楼乡站家营村人均纯收入最少，仅为2 833元。

由地理位置可知，夹河村位于官厅水库上游，气候和土壤适宜于葡萄种植，大黄庄和宋家营村位于河谷平原，是农业的主产区，大古城村位于官厅水库南岸阶地，站家营村位于北部丘陵和山地过渡带，土壤较贫瘠。从农业产业结构来说，夹河村是葡萄专业村，主要开展高效的特色产业种植，并且具备与之相关的产销一体化经营，宋家营村以奶牛养殖和种植业为主，大黄庄、大古城和站家营村以传统农业种植为主，大古城村和站家营村同时发展了部分果园和蔬菜种植。综上可知，特色高效产业的发展可以促进农村经济的提升，改善居民的生活水平，而传统种植业的经济效益是非常有限的；另外，在特色产业发展的同时，还应考虑到生态环境的承载力及相关产业链的完善，来实现产业的可持续发展。

由以上各村的人均纯收入可以看出怀来县居民的收入还处于

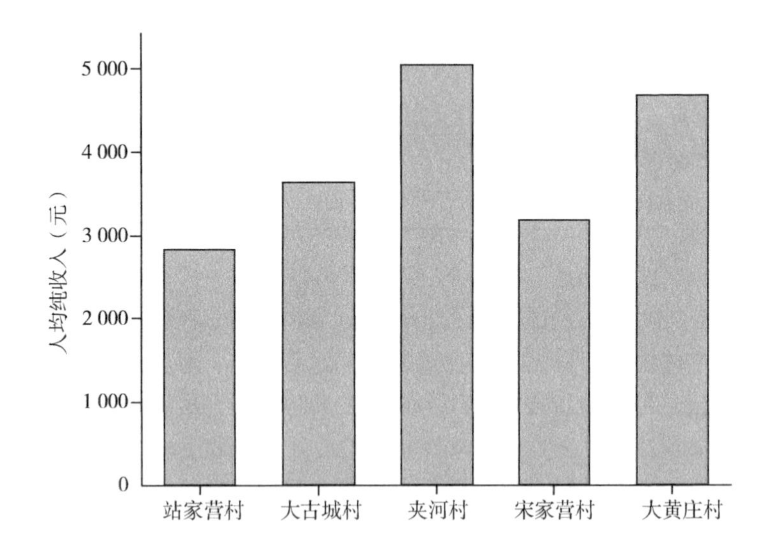

图 4-11　2015 年怀来县 5 个调查村的人均纯收入

Fig. 4-11　The per capital net income of survey vilages in Huailai county in 2015

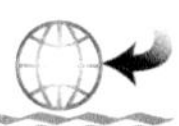

较低水平，针对农户目前最需要解决的家庭问题（表4-7），有54.20%（2002年）和74.63%（2016年）的受访者选择了增加经济收入，说明经济问题仍然是当地面临的主要问题。对于提高家庭在村里的地位及丰富精神文化生活，2016年所占比例较2002年分别增加了8.85%和6.78%。由此可知，物质需求的提升仍是当前最需要解决的问题，而农户对家庭地位及精神文化生活需求的提升也进一步说明了当地经济的发展和物质需求的满足。

表4-7　受访农户最需要解决的家庭问题

Table 4-7　The most important family problems that farmers need to solve

家庭问题	2002		2016	
	户数	比例（%）	户数	比例（%）
温饱问题	14	10.69	21	15.67
增加经济收入	71	54.20	100	74.63
提高家庭在村里的地位	6	4.58	18	13.43
丰富精神文化娱乐生活	40	30.53	50	37.31

注：本项目为多选。

在教育认知方面，由表4-8可知，大部分的受访者选择通过读书去城市发展，2002年和2016年分别占总户数的74.05%和68.66%，农户的教育预期较高。而导致未受到良好教育的原因，2002年主要是自身原因（45.04%）和家庭经济问题（37.4%），2016年农户主要认为是教学条件差（52.99%）和自身原因（29.1%）。说明贫穷对于受教育的影响得到了改善，而当地的教学条件需要进一步的提高来满足教育的需求。

表 4-8 农户对教育的基本认知

Table 4-8 The basic understanding of education of famers

教育预期	2002		2016		未受到良好教育的原因	2002		2016	
	户数	比例（%）	户数	比例（%）		户数	比例（%）	户数	比例（%）
识字、务农	12	9.16	8	5.97	家庭经济问题	49	37.40	26	19.40
多读书在当地有更好的发展	22	16.79	36	26.87	自身原因	59	45.04	39	29.10
通过读书去城市发展	97	74.05	92	68.66	教学条件差	23	17.56	71	52.99

在生态环境认知方面，85.07%的农户认为近10年来怀来县的生态环境得到了改善，而面临的生态环境问题主要是干旱（37.31%），其次是空气质量差（21.64%）和水污染（20.9%）（表4-9）。由于当地农业主要为旱地种植，对降水的依赖程度较大，直接影响到农户的生计，另外，随着防风固沙、封山育林等生态保育项目的实施，森林覆盖率增加，森林砍伐事件减少。

表 4-9 农户对生态环境的认知

Table 4-9 The famers' perception of ecological environment

内容	选项	比例（%）
生态环境改善	是	85.07
	否	14.93
主要生态环境问题	工业污染	17.16
	森林砍伐	8.96
	空气质量差	21.64
	水污染	20.90
	干旱	37.31

在当地农业发展及技术需求方面，针对农户目前迫切需求的农业技术和服务，对待农业新技术的态度、风险承受能力以及新技术的传播途径，当地农业技术服务的满意度，进行了调查。由表4-10可知，2002年农户迫切需求的技术主要为作物良种(42.75%)，其次是病虫害防治（24.43%）和畜禽良种(23.66%)，而2016年主要为病虫害防治和科学施肥技术，分别占总调查户数的37.31%和36.57%；农户最为需要的农业服务均为供求和销售信息及新技术培训，2002年二者分别占总受访人数的41.22%和48.85%，2016年分别占比49.25%和39.55%。由此可知，缺乏技术支持和供求及销售信息封闭，限制了农业产业的发展以及农户的增收，而新技术培训也是目前迫切需求的农业服务，主要为病虫害防治、科学施肥技术和作物良种。引导村民组建合作社，建立“科技示范基地-技术推广-农户”的产业发展模式，提高资源利用率，实现可持续的农产品供给服务。建立产、供、销、加一体化，推动农业产业化，培植农副产品储藏、保鲜、精深加工和包装等企业，实现农产品多层次增值。

表4-10　农户迫切需求的农业技术和服务

Table 4-10　Agricultural technologies and services urgently needed by famers

内容	选项	2002年比例（%）	2016年比例（%）
迫切需求的农业技术	作物良种	42.75	29.85
	畜禽良种	23.66	11.19
	病虫害防治	24.43	37.31
	畜禽防疫	19.08	11.19
	科学施肥	10.69	36.57
	配合饲料或饲料配方	10.69	4.48
	农产品加工	15.27	26.12
	其他	3.05	12.69

（续表）

内容	选项	2002 年比例（%）	2016 年比例（%）
迫切需求的农业服务	兴修水利	19.85	26.87
	新建道路	6.10	26.87
	机械耕种和收获	8.40	20.15
	供求和销售信息	41.22	49.25
	新技术培训	48.85	39.55
	提供新品种新技术	7.63	33.58

另外，农户对待新技术的态度均表现为积极支持，均有超过60%的受访者愿意主动引进；在风险承受上，25.19%的农户选择可以承担全部风险，较2002年的风险承受力有所提高（表4-11）。农业技术传播的途径大部分为农户父母传授，其次是通过邻里朋友的交流及农业技术员的传播，通过政府部门推广的比例15年来也有所增加，由11.45%增加到35.82%。农户对当地技术服务提供的满意度较低，2002年仅有3.05%的农户表示对服务满意，2016年满意度的比例增加到10.45%，但大部分的农户表示对农业技术服务不满意，2002年和2016年分别占到受访农户的88.55%和60.45%。这说明当地农户对农业技术的需求较高，而目前的农业服务还无法满足其需求。农业技术传播路径还集中在父母和邻里传授阶段，专业技术推广滞后，而现代农业技术是推动农业发展的主要动力，需要重点加强病虫害防治、科学施肥和作物良种引进等技术的培训，农户对新技术表现出积极态度，可以加强推广，并增加供销信息的发布力度。

表 4-11 农户对新技术的认知

Table 4-11 Farmer's perception of new agricultural technologies

内容	选项	2002 年比例（%）	2016 年比例（%）
农业新技术传播途径	政府推广部门和乡村农技员	11.45	35.82
	国家及省市有关单位专家	3.82	10.45
	科技书报与网络电视	18.32	5.97
	科技示范户	1.53	12.69
	邻里和亲友传授	21.37	24.63
	去外地学习	2.29	7.46
	父母传授	50.38	42.54
农户承受技术风险能力	全部	6.72	25.19
	>1 000 元	25.37	25.19
	<1 000 元	17.16	17.56
	<500 元	20.15	8.40
	<100 元	17.91	19.08
	不能承受	14.18	3.82
对待新技术的态度	积极主动引进	67.94	61.19
	模仿别人	19.85	17.16
	持观望态度	12.21	22.39
对农业技术服务的意见	满意	3.05	10.45
	一般	8.40	29.10
	不满意	88.55	60.45

第二节　怀来山盆系统生态系统可持续发展范式研究

一、研究方案

1. 研究目标

本研究旨在基于空间数据和统计数据，以遥感和地理信息技术为支撑，对怀来县重要生态系统服务进行估算，分析生态系统服务的时空格局、权衡和协同关系；结合问卷调查数据，研究利益相关者对生态系统服务的认知，揭示怀来县生态系统服务在空间上的供需关系；评估怀来县人类福祉，分析其空间分布特征；在此基础上，分析生态系统服务和人类福祉的关系，结合前人提出的怀来优化生态-生产范式体系概略以及未来气候变化情景，以可持续的福祉提升为目标，进一步发展和细化怀来山盆系统可持续发展范式。

2. 研究内容

（1）生态环境和社会经济特征分析

基于统计数据、气象数据、野外调查和问卷调查访谈数据，从气候、土壤、植物群落多样性、农户社会经济认知等方面分析了怀来县的生态环境特征和社会经济特征，探讨怀来县发展的困境，为之后生态系统服务和人类福祉的研究提供背景信息，为怀来山盆系统可持续发展范式的研究提供支持。

（2）生态系统服务评估、时空格局及权衡/协同关系

基于统计数据和空间数据，以遥感和地理信息技术为支撑，模拟了怀来县2005—2015年8项关键生态系统服务的时空格局，并利用相关分析方法，分析了两两生态系统服务之间的权衡和协同关系。

（3）生态系统服务认知和供需关系

基于问卷调查数据，确定生态系统服务的重要性和脆弱性认知，以及生态系统服务 10 年间变化趋势的认知，分析其与生态系统服务估算结果的差异。此外，以主观需求和人口密度来表征生态系统服务需求，揭示生态系统服务供给和需求的空间分异，分析生态系统服务在空间上的供需关系。

（4）人类福祉评估及空间分异

在多年研究积累和实地考察访谈的基础上，建立适用于怀来县的福祉评估指标体系，利用面对面问卷调查的方法，评估怀来县的总体福祉水平，分析各福祉组成要素之间的差异，探讨了社会-经济特征对福祉的影响，并结合怀来山盆系统功能带，分析福祉在怀来山盆系统中的空间分异。

（5）怀来山盆系统可持续发展范式的构建

基于前文生态系统服务和人类福祉的评估结果，在乡镇尺度上对怀来县进行空间分区，并分析生态系统服务供需和人类福祉的关系；针对以行政单位作为基本单元进行分区的不足，结合以上（1）（2）（3）（4）项的研究结果，以及前人提出的怀来优化生态-生产范式体系概略、未来气候变化情景，进一步发展和细化了结合生态系统服务和人类福祉的怀来山盆系统可持续发展范式，提出了各功能带适宜的发展模式和主要措施。

二、乡镇尺度怀来县生态系统服务和人类福祉的空间分区

将各乡镇 2005—2015 年的生态系统服务均值与福祉进行归一化处理，以乡镇作为最小统计单元，利用 R 软件进行层次聚类，样本间距离的测定选取欧氏距离，由树状图将怀来县的 17 个乡镇分为 5 类，利用 ArcGIS 将这 5 个分区在空间上予以展示，并利用 R 软件的星状图表示各分区生态系统服务和人类福祉的

特征，如图 4-12 所示。

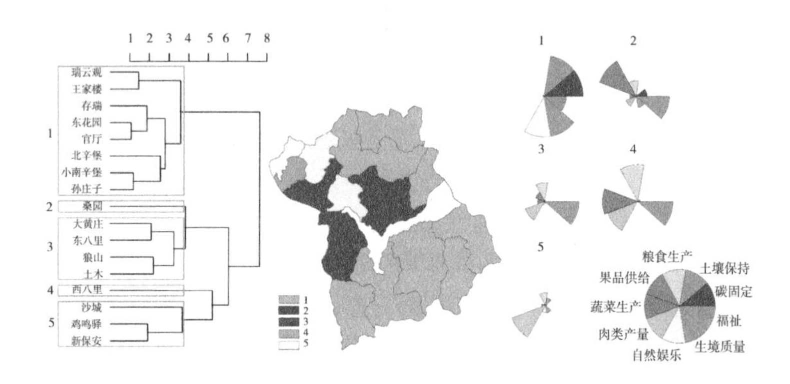

图 4-12　乡镇尺度基于生态系统服务和人类福祉的怀来县空间分区

Fig. 4-12　Huailai county spatial clusters based on ecosystem services and human well-being at township level

1. 生态保育和生态旅游区

本区包括王家楼、瑞云观、孙庄子、官厅等 8 个乡镇，面积为 106 040 hm^2，占全县面积的 66.06%，而人口仅占全县总人口的 31.83%。该区的主要特征表现为土壤保持、碳固定、生境质量和自然娱乐服务较高，产品供给服务低，人类福祉较低。主要分布在南北山地及丘陵区，是林地的主要分布区，耕地较少。水口山和白龙潭林场均位于该区，主要生态功能为生态保育，具有较高的调节服务。该区农产品供给服务较低，经济发展落后，人均收入较低，影响了福祉的提升。因此，该区自然娱乐服务和生境质量均较高，可以采取生态旅游来提高当地居民福祉。

2. 特色水果种植区

本区仅包括桑园镇，面积 12 133 hm^2，占全县面积的 7.55%，人口占全县总人口的 7.59%，主要土地利用类型为园

地。桑园镇是怀来县特色水果——葡萄的主要种植区，表现为果品供给服务较高，同时人类福祉也较高，而其他生态系统服务相对较低。水果种植，尤其是葡萄种植是该区的主要产业，也是带动经济发展的主要驱动力，怀来县的福祉实现还处于物质需求满足的初级阶段，基础物质需求的提升对总体福祉的贡献较大，然而调节服务水平较低，会影响产品供给服务的持续供给，进而影响福祉的可持续性。

3. 次级农业产业区

本区由大黄庄、东八里、狼山和土木 4 个乡镇组成，面积占全县总面积的 13.64%，拥有全县 17.93%的人口。该区以传统农业作为主要产业，4 项产品供给服务的水平中等，部分耕地退化，肥力下降，可能是低调节服务进一步影响供给服务的提升。该区福祉水平较高，这可能是由于福祉的时滞性所导致，不利于可持续的福祉。

4. 农业主产区

本区仅包括西八里乡，面积为 3 658 hm^2，仅占全县总面积的 2.28%，而人口占全县总人口的 6.37%，人口密度较大，是人类经济活动较强的区域。该区主要土地利用类型为耕地，表现为粮食、蔬菜和水果供给服务均较高，同时人类福祉也较高，而土壤保持、碳固定、生境质量和自然娱乐服务均处于较低水平。与特色水果种植区和次级农业产业区相似，低调节服务会影响可持续的福祉。

5. 生态与福祉脆弱区

本区包括沙城、鸡鸣驿和新保安 3 个乡镇，面积为 16 788 hm^2，占全县总面积的 10.45%，人口占全县总人口的 36.28%，主要由于沙城镇作为县政府的所在地，人口密度较大，是经济活动的主要区域。该区仅肉类产量较高，其他生态系统服务和人类福祉均处于较低水平，是生态和福祉均脆弱的区域。

以行政单元作为基本单位，更有利于管理和决策的实行（Raudsepp-Hearne *et al.*，2010a；Yang *et al.*，2015），然而在山盆系统中，乡镇尺度上的分区存在一定的局限性，部分乡镇面积较大，并且地貌类型在空间上存在差异，这也导致各乡镇位于不同地貌类型下村的生态系统服务和社会经济特征被忽视，比如，在生态保育和生态旅游区，南部小南辛堡和官厅等乡镇面积较大，每个乡镇包括不同的地貌类型，统一划分为生态保育和生态旅游区进行管理，过于宽泛，缺乏准确性和针对性。

三、生态系统服务供需和人类福祉的关系

由第二章生态系统服务供需关系的结果可知，碳固定、土壤保持、生境质量和自然娱乐 4 种服务在空间上的供需关系大体一致，大部分乡镇均表现为供需匹配度较低；4 种产品供给服务的供需关系大体一致，大部分乡镇均表现为供需匹配度较高。另外，由空间分区的结果发现，碳固定、土壤保持、生境质量和自然娱乐服务较高的乡镇，福祉水平较低；而产品供给服务和高福祉存在关联。因此，本节将选取的 8 种生态系统服务分为两类，第一类为 4 种产品供给服务，包括粮食生产、蔬菜生产、果品供给和肉类产量；第二类为调节、支持和文化服务，包括碳固定、土壤保持、生境质量和自然娱乐。将各乡镇的生态系统服务供给和需求值进行归一化处理，分别求得两类生态系统服务的均值；利用供给-需求矩阵，分别以两类生态系统服务供给和需求的中位数作为划分，将 17 个乡镇分为四个类型（A 需求大供给小；B 供给和需求均较大；C 供给和需求均较小；D 供给大需求小）。最后，分别求得 4 个类型的各福祉组成要素的均值，利用 R 软件绘制星状图，表示每个类型的福祉特征。

由图 4-13 可知，多数乡镇为 B 类型和 C 类型，供需的匹配度较高，表现为供需均较高或供需均较低。B 类型的乡镇主要分

布在河谷平原区的中西部，农产品产量较高，并且人口密度较大，主观需求较高，C 类型乡镇多分布在南北部山地区，农产品产量低，人口密度也较小，使得需求总量较低。由产品供给服务的 4 种供需关系类型所对应的福祉特征可知，A 类型和 B 类型主要表现为高质量生活基础物质需求较高，其中 B 类型的自由和选择相对较高；C 类型表现为良好的社会关系和安全较高，而其他福祉要素较低；D 类型的 5 项福祉要素均较高。由此可知，当农产品供给高、需求低，供给超过需求、需求得到满足时，促进了各项福祉要素的提升；而产品供给服务需求和供给均较低时，影响了高质量物质需求、健康和自由选择福祉的提升。

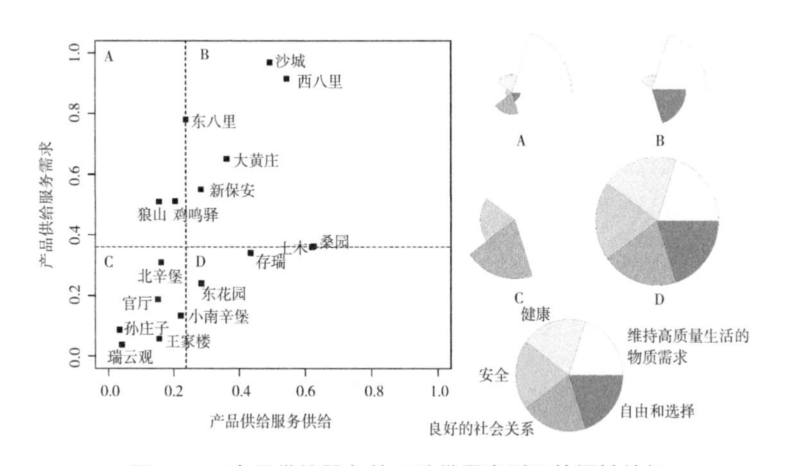

图 4-13　产品供给服务的 4 种供需类型下的福祉特征

Fig. 4-13　The well-being characteristics of four supply-demand types of product provisioning services

由各乡镇在碳固定、土壤保持、生境质量和自然娱乐服务供需类型中的分布可知，多数乡镇为 A 类型和 D 类型，供需匹配度较低，分别表现为供给小需求大和供给大需求小，其中，王家楼乡的生态系统服务供给相对最高，而沙城镇表现为供给最低，

需求最高（图 4-14）。因此，在 A 类型中，将沙城镇作为单独类型（A1）进行分析，其他乡镇为 A2 类型。A1 类型仅自由和选择福祉较高，A2 类型除安全外各项福祉要素均较高，说明调节和支持服务的供需关系发展为严重失衡时会威胁人类福祉。调节、支持服务对福祉的影响可能存在时滞和累积效应（Raudsepp Hearne *et al.*，2010b），当供需关系失衡达到一定阈值时，会对福祉产生较大影响。D 类型碳固定、土壤保持、生境质量和自然娱乐的供给高，而需求低，福祉表现为高质量生活的物质需求较低，其他各项福祉水平一般。生态系统服务存在空间流动，一些服务的供给区和受益区位置在空间上存在不重叠的现象（Fisher *et al.*，2009；Burkhard *et al.*，2014），说明碳固定、土壤保持、生境质量和自然娱乐服务通过载体（人、水流等）流向山盆系统及其以外的受益区，因此，对本地福祉的提升作用较弱。

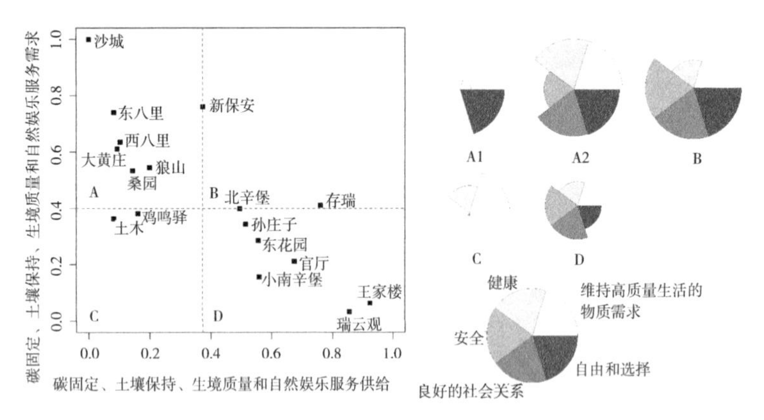

图 4-14　碳固定、土壤保持、生境质量和自然娱乐服务的 4 种供需类型下的福祉特征

Fig. 4-14　The well-being characteristics of four supply-demand types of carbon sequestration，soil retention habitat quality and forest recreation services

需要说明的是，目前生态系统服务供需和人类福祉关系还处于理论研究阶段，本文以乡镇为基本单位，时空尺度较小，划分供需关系类型，可能存在局限性，但生态系统服务供需和福祉特征的对应关系为下文范式的建立提供基础。

四、未来气候变化情景下的生态系统服务和人类福祉

气候变化会改变生态系统功能，直接影响生态系统服务，同时，气候变化所带来的自然灾害事件，如干旱、暴雨等，会引起新的生态系统服务脆弱性，进一步影响人类福祉（Schröter *et al.*，2005；Nelson *et al.*，2013；Onur & Tezer，2015）。怀来山盆系统是气候变化的敏感地区，而对未来潜在气候变化的预判使得管理和决策更具备前瞻性及发展的思维（许颖和唐海萍，2015）。因此，本文在构建可持续发展范式时以当前的生态系统服务和人类福祉现状为基础，并着眼于未来可能的生态系统服务和人类福祉变化，在减缓和适应气候变化的同时长期维持和改善生态系统服务与人类福祉，为可持续的生态系统服务供给和人类福祉提升提供基础。

联合国政府间气候变化专门委员会（IPCC）基于不同排放情景的气候变化报告提出了 SRES 未来 3 种排放情景（A2，A1B，B1），分别对应高、中、低 3 种二氧化碳排放强度及人口、科技、地区发展和经济发展模式。对以上 3 种排放情景下怀来县未来气温和降水变化进行预测。结果显示，3 种情景下，怀来县 2050 年气温均呈升高趋势，其中 A2 增温幅度最大，A1B 次之，B1 最小；3 种情景降水表现为，B1 情景生长季降水量增加，其他 2 个情景下生长季降水量减少。综上分析可知，A2 情景暖干化现象最为严重，A1B 次之，B1 情景气候条件更加湿润。前人针对以上 3 种情景，构建土地评价指标体系，评估气候变化情景下的土地类型适宜性（许颖，2016）。本节基于不同气候情景下的土地利用适宜性结果，确定其对未来生态系统服务和人类福祉的可能影响，为怀

来山盆系统范式的构建提供基础。

前人对不同气候情景下的土地利用适宜性评价结果显示：随着气候条件趋于暖干化（情景 B1 →情景 A1B →情景 A2），园地高适宜性面积不断增加，而适宜于耕地、林地和灌丛/草地的区域面积缩减；随着气候条件趋于湿润（情景 A2 →情景 A1B →情景 B1），耕地、林地和灌丛/草地高适宜性区域范围扩大（许颖，2016）。结果说明，园地适应干旱的能力更强，在气候暖干化的情景下，适宜于园地的分布面积增加，其他土地利用类型减小，园地主要提供果品供给服务，在此情景下更有利于果品供给服务的提升，果品供给服务有利于福祉的提升，而调节服务和支持服务的主要供给区林地和灌丛/草地的适宜性下降，不利于果品供给和福祉的可持续性。因此，适应和应对该气候变化的主要措施是增加园地的面积，推进节水灌溉等农业技术，重点发展生态保育项目。在气候较湿润的情景下，更适宜于耕地、林地和灌丛/草地的分布，有利于其提供的粮食供给服务、调节和支持服务的供给，该情景下适宜于园地的面积缩减，将阻碍怀来县果品这一特色产业的发展。因此，适应和应对该气候变化的关键在于完善水果生产产业链，提高农业生产的多样性，并协调粮食供给和调节服务之间的权衡关系（表 4-12）。

表 4-12　3 种气候变化情景下的生态系统服务和人类福祉

Table 4-12　Ecosystem services and human well-being under three climate change scenarios

情景	生长季均温	生长季降水	土地利用适宜性情况	生态系统服务	人类福祉
A2	升高	减少	园地高适宜性区域扩大 耕地、林地和灌丛/草地高适宜性的面积最小	果品供给↑ 粮食生产↓ 调节服务、支持服务↓	通过加强生态保育，维持并提升福祉

（续表）

情景	生长季均温	生长季降水	土地利用适宜性情况	生态系统服务	人类福祉
A1B	升高	减少	园地高适宜性区域有所扩大 耕地、林地和灌丛/草地高适宜性的面积减小	果品供给↑ 粮食生产↓ 调节服务、支持服务↓	通过加强生态保育，维持并提升福祉
B1	升高	增加	耕地、林地和灌丛/草地高适宜性区域范围扩大 园地高适宜性的面积减小	果品供给↓ 粮食生产↑ 调节服务、支持服务↑	调整农业产业结构，增加农业产业多样性，提高风险应对能力，实现可持续的福祉

五、怀来山盆系统可持续发展范式构建

在京津冀协同发展的大背景下，怀来县区位优势明显，被划定为水源涵养功能区和生态环境支撑区，如何在发挥区位作用的同时，保障并提高当地的人类福祉是目前该区发展的关键问题，也是当前发展和修订怀来山盆系统范式的主要原因。怀来县政府在 2017 年国民经济和社会发展计划中提出优化产业结构调整、加强生态环境建设，推动绿色发展、改善民生，提升群众幸福感等方面的工作要求。在以上政策背景下，综合面对面调查访谈，怀来山盆系统可持续发展范式重点在于：优势特色产业培育、传统农业向生态农业转变，一二三产相互带动，其中农业技术推广和农业产业化是关键；因地制宜，发挥各功能带优势，达到生态系统服务提升，生产、生态和生活同步发展，最终实现可持续的福祉。

以行政单位作为基本单元进行功能分区存在局限性，为综合地貌特征并且方便管理，本节在前人所划分的怀来山盆系统 5 个功能带的基础上，结合生态环境和社会经济背景、生态系统服务供需以及人类福祉特征，以维持并改善生态系统服务，实现可持续的福祉为目的，发展和细化怀来山盆系统可持续发展范式（表4-13）。

表4-13 怀来山盆系统可持续发展范式体系

Table 4-13 Huailai mountain-basin system sustainable paradigm system

指标	山间盆地			低山丘陵	中山山地
	官厅水库	环库带	河谷平原带		
面积（km^2）	32.1	22.46	596.27	677.6	441.17
主要土壤类型	-	草甸土、草甸褐土、碳酸盐褐土	碳酸盐褐土、草甸土、草甸灌淤土、潜育型水稻土	碳酸盐褐土	棕壤、淋溶褐土、残坡积物碳酸盐褐土
主要土地利用类型	水体	荒草地、果园	耕地、园地、城乡建设用地	灌草地、耕地、园地	林地、灌草地
乡镇所占比例（%）	-	官厅、土木（0.1~0.15）	沙城、大黄庄、西八里、桑园和东八里（>0.8） 东花园、北辛堡、狼山、新保安、小南辛堡（0.4~0.8） 官厅、土木（0.1~0.4）	鸡鸣驿、存瑞（0.8~1） 孙庄子、土木、瑞云观、新保安、官厅（0.4~0.8） 小南辛堡、狼山、北辛堡、东八里、桑园（0.1~0.4）	王家楼（0.8~1） 孙庄子、瑞云观（0.4~0.8） 存瑞、小南辛堡、东花园（0.1~0.4）
社会经济特征	-	人口密度大 农村人均纯收入高	人口密度最大 农村人均纯收入最高 主要经济活动区	人口密度较小 农村人均纯收入较低	人口密度最小 农村人均纯收入最低 人口老龄化严重

（续表）

指标	山间盆地			低山丘陵	中山山地
	官厅水库	环库带	河谷平原带		
生态系统服务供给	–	高粮食、肉类产量 低蔬菜供给、碳固定、土壤保持服务	高产品供给服务（尤其是果品供给） 低土壤保持、生境质量和自然娱乐服务	高粮食产量 中等水平碳固定、土壤保持、生境质量和自然娱乐服务	高碳固定、土壤保持、生境质量和自然娱乐服务 低产品供给服务
生态系统服务需求	–	高生态系统服务需求	高生态系统服务需求	低生态系统服务需求	低生态系统服务需求
供需关系	–	–	供<需（碳固定、土壤保持、生境质量和自然娱乐）	西北部丘陵区供<需（土壤保持、碳固定、果品供给）	供>需（碳固定、土壤保持、生境质量和自然娱乐） 供需基本平衡（4种产品供给服务）
人类福祉	–	–	5项福祉要素均较高	安全和良好的社会关系福祉较低	安全福祉较高 高质量生活的物质需求、健康的满意度较低
功能	重要的水源地；渔业生产	水库防护、水源涵养、维护生物多样性和景观美学价值	高产农业主产区、文化经济贸易中心	水土保持、农业产区	水土保持、固碳和生物多样性保育

（续表）

指标	山间盆地			低山丘陵	中山山地
	官厅水库	环库带	河谷平原带		
主要问题	来水量逐年减少，水库面积缩减；有机污染和富营养化	“一退双还”村民的经济来源和福祉提升	生态系统服务需求高，而资源利用效率低、缺乏配套技术及产业链条，福祉提升的瓶颈期	广种薄收，特色产业发展停滞、农产品价格低，缺乏技术支持和销售渠道，人居生态环境问题	人口老龄化严重，传统农业产量低，贫困问题
发展模式	建设官厅水库国家湿地公园，发展生态旅游业	林灌草种类的选择及交错配置，种植果树增收；引导周边村发展旅游	西部设施生态农业、东部观光农业和中部农产品加工相结合，增加休闲娱乐设施	北部粮果种植和文化旅游，南部发展沟域特色产业和建设人工草场，优化农村人居生态和环境	完善生态补偿制度，推进森林旅游和休闲旅游，完善山区农村基础设施建设

1. 山间盆地高效产业带

（1）官厅水库

京津冀地区水资源短缺，官厅水库是北京市的重要水源地之一。官厅水库位于怀来盆地的中部，20 世纪 50—60 年代水质良好，70 年代以来受到上游工农业的污染，有机污染和富营养化严重，90 年代被迫退出北京市生活饮水源地，仅提供首都和京西地区工业用水，随着《21 世纪初期首都水资源可持续利用规划》等的实施，水质逐渐改善，并于 2007 年划为北京饮用水备用水源地（张文国，2002；刘桂环等，2010）。但是，目前该区仍然面临两个问题：一是水库上游年来水量逐年减少，水库面积缩减；二是农药化肥使用造成的有机污染和富营养化，仅达到Ⅳ类水质标准（马振刚等，2015；李磊，2016；杨建民和张跃武，2016）。针对以上问题的主要措施有：加强上游入库水质的监

测，避免入库水流的污染；改变传统的漫灌方式，开发和推广节水灌溉技术和产品，发展节水农业，减少上游水资源的消耗；建设库区生态防护林。主要发展方向是借助官厅水库国家湿地公园的建设开发生态旅游业。

（2）环库水源保护带

该区位于水体和河谷平原的过渡区，在水库周围建立200m的环库水源保护带，在水库周边坡度大于10°的丘陵地段，设置环库水源保护带宽度为400m。其主要目的是通过林灌草缓冲带的建设固定土壤，增强水分吸收渗透，减少水土流失，削减地表径流的入库泥沙量；改善水库周边生态环境，为动物（鸟类、两栖类等）提供栖息地；提供景观美学价值。近年来随着京津风沙源治理二期工程和国家水土保持重点建设工程的实施，该区采取退耕还林、还草政策，种植经济林。该区分布的村落集中在官厅水库周边的官厅镇和土木镇，占以上乡镇总行政村数的10%~15%。农村人均纯收入相对较高，为11 982.6元，粮食产量和肉类产量较高，而蔬菜供给、碳固定和土壤保持服务与其他功能带相比较低。该区位于水库的缓冲带，多实行“一退双还”政策，村落人口集中，人均耕地面积少，对生态系统服务的需求较高，尤其是对粮食、蔬菜、土壤保持和固碳的需求。综上所述，该区的发展关键在于两方面：一是林灌草种类的选择及交错配置，地势平缓地带的林地可选取果树（枣、海棠、杏扁）种植，提高该区的生物多样性以及土壤保持和碳固定服务，并且在生态保护的同时增加当地农民的收入；二是发展生态旅游业，为当地居民和外地游客提供休闲游憩、生态科普教育等文化服务，在大型别墅度假区和景区建设的同时，引导水库周边村民发展餐饮、住宿、娱乐项目等旅游相关产业；以即将建成的湿地公园为核心，扩散和带动其他功能带的旅游业与相关产业的发展。

（3）河谷平原高效农业经济带

河谷平原带地势平坦，是农业主产区，面积为596.27km²，占全县总面积的33.7%。人口稠密，约为18万人，农村人均纯收入最高，为12 903.6元。该区土壤主要为碳酸盐褐土，西北部还有草甸土、草甸灌淤土和潜育型水稻土等宜耕高产土壤（赵云龙等，2006；张新时等，2008）。该区主要的土地利用类型为耕地、园地和城乡建设用地，园地多分布在官厅水库南北两岸，以及官厅水库上游的流经区域。该区包括140个行政村，分布较为集中，包括沙城、大黄庄、西八里、桑园和东八里80%以上的村，东花园、北辛堡、狼山、新保安、小南辛堡镇40%~80%的村，以及官厅和土木的小部分村。该区产品供给服务较高，尤其是果品供给服务；而土壤保持、生境质量和自然娱乐服务水平相对较低。生态系统服务需求较高，碳固定、土壤保持、生境质量和自然娱乐4项服务的供给小于需求。产品供给服务所带来的高收入使得该区的福祉较高。该区发展的主要目标是在维持现有高福祉的基础上，进一步提升福祉，并实现可持续的福祉。该区较高的福祉主要源自高水平的农业产品供给，但生态系统服务需求较大，要实现可持续的福祉，重点是要进一步增加农民收入，并维持农业产品供给的可持续性。因此，目前适宜的发展模式是西部设施生态农业、东部观光农业和中部农产品加工相结合；一产、二产、三产深度融合，完善休闲娱乐设施，丰富精神文化生活。主要措施和建设重点为以下几个方面。

①河川平原西部包括大黄庄、西八里和东八里乡，以及新保安南部和桑园东北部的部分村，处于洋河河漫滩与低阶地，分布着草甸土、水稻土和草甸灌淤土，土壤适宜耕种，水资源丰富，是怀来县的农业主产和高产区。目前，主要面临的问题是资源利用效率不高、农业生产分散不集中、缺乏配套技术及产业链条。在西八里、东八里、大黄庄和新保安镇大力发展设施蔬菜和循环

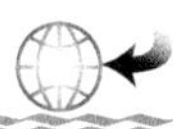

农业，在桑园镇发展错季设施葡萄，以“科研试验-示范园区-技术推广-农户（公司）”为框架，养殖和种植相结合，形成生态循环，扩大生产规模，集约化管理，在资源高效利用的同时，进一步提升农产品供给服务。发展和引进粮-果-蔬立体种植模式，间作套种等模式，配套节水灌溉技术，比如西八里发展成熟的玉米套种大蒜模式。另外，选取耐旱灌木，利用公路和农田防护林，保持土壤，形成立体防护体系。

②河谷平原东部区与北京对接，并紧邻官厅湖畔，具备发展休闲观光旅游的优势，包括北辛堡镇和狼山乡南部地区。目前，虽然开发了部分环湖旅游和观光农业园区，但缺乏规范管理和宣传力度，无法带动更多村民增加收入。发展重点在于培植怀来县特色观光旅游产业，改变一家一户分散经营的现状，引进公司和技术，集中规范化的规划和管理，提升旅游基础设施建设，延伸旅游产业链，既解决了农户普遍反映的产品没有销路的问题，又提供了新的就业机会，带动村民增收、提高福祉。东花园镇是对接北京的窗口镇，在三泉井等邻京村种植设施葡萄，建立休闲观光农业示范园区，实现观光、采摘、休闲旅游一体化。北辛堡镇蚕房营村的久保桃和富士苹果、老君庄村的草莓是特色产业，重点在于种植技术培训，培育品牌，以采摘节和品尝节的活动增加知名度，以农家乐的形式带动村民增收。小南辛堡镇的特色产业是海棠产业，有600多年种植海棠的历史，主要分布在平原带的大古城、佟庄、官庄、定州营等村，壮大海棠产业，扩大中国海棠花节的规模和知名度，带动旅游产业。

③实地调查中农户普遍反映目前面临的主要问题是产品销售信息缺乏，没有销路，农产品价格偏低，导致种植面积缩减的恶性循环，急需建立产加销一体化。河谷平原中部是怀来县文化经济活动的中心地带，城镇化水平高，包括县政府所在地沙城镇以及土木镇南部的部分村落。发挥交通、信息、科技和人员等优

势，建立农产品加工园区以及水果蔬菜集贸市场，培植和壮大龙头企业，打造特色产业，比如利用地域特色的海棠、葡萄、葡萄籽和酸枣为原料的果品加工业，和以葡萄和张杂谷为原料的葡萄酒、黄酒酿造产业。

2. 低山丘陵林（果）灌草带

低山丘陵带分布面积最广，占全县总面积的 38.3%，但人口仅为河谷平原带的 40%，农村人均纯收入为 7 668 元，包括了 12 个乡镇的部分地区。该区粮食供给服务较高，其他生态系统服务均处于中山山地和河谷平原之间，西北部丘陵区的土壤保持、碳固定、果品供给服务表现为供给小于需求。同时，西北部丘陵地带的鸡鸣驿和新保安镇福祉较低。该区分布的主要土壤类型是碳酸盐褐土，其中，北部丘陵主要黄土母质碳酸盐褐土、洪冲积物碳酸盐褐土，可用作耕种，而南部丘陵大量分布残坡积物碳酸盐褐土，土层较薄，砾石含量偏多，养分含量低，水土流失严重，不适宜耕作。前人对该区的功能定位是水土保持及舍饲基地，提出建设人工草场、发展舍饲畜牧业（赵云龙，2003），但近 10 年来，人工草场建设尚未得到推进，舍饲畜牧业逐渐缩减，依据南北丘陵土壤条件的差异，结合现有发展情况及访谈结果，以提升土壤保持和碳固定等调节服务、解决贫困问题和提升福祉为主要目标，将该区的发展模式调整为北部粮果种植和文化旅游，南部发展沟域特色产业和建设人工草场。

北部丘陵区土壤适宜耕作，但水资源有限，目前主要面临的问题是广种薄收，缺乏技术支持和销售渠道，农产品价格低。一家一户小规模的分散生产限制了农业的发展，引导村民组建合作社，建立“科技示范基地-技术推广-农户”的产业发展模式，提高资源利用率，实现可持续的农产品供给服务。建立产、供、加、销一体化，推动农业产业化，培植农副产品储藏、保鲜、精深加工和包装等企业，实现农产品多层次增值。比如，推进鸡鸣

驿、存瑞镇南山堡和安营堡村的张杂谷子种植的旱作农业技术等的推广，以及抗旱新品种的培育，延伸张杂谷子深加工、包装产业链；存瑞镇草庙子村的国光苹果出现发展低迷的现象，村民普遍反映价格偏低、没有销路，造成减产，急需苹果种植技术的推广，扩大草庙子村国光苹果品牌的知名度。另外，北部丘陵区拥有"世界第一邮局"的鸡鸣驿城、董存瑞烈士纪念馆、北魏天皇山石窟、新保安战役的发生地和土木堡之变的古战场，借助其历史和人文资源的优势开展文化旅游，带动农业产业的发展。但目前存在的问题是，景区规划和宣传力度不够，没有带动周边村福祉的提高。

南部丘陵区具有石片村黄杏、旧庄窝金丝小枣和镇边城万历核桃等特色产业，但由于地形复杂、交通运输不便、缺乏技术和龙头企业等原因，导致发展停滞。以上特色产业村往往只有一条上山通道，道路狭窄，货车通行存在一定安全隐患，不利于农产品运输和销售。兴修货运道路，与科研院所和高校合作，建立特色产业科技示范基地，是提升农产品供给服务、带动福祉提升的关键。在不适宜耕种的山区，种植人工草场，在保持土壤的同时带动舍饲畜牧业的发展。

3. 中山山地林灌生态保育带

南北两山面积为441.17km^2，占怀来县总面积的24.9%，山势北高南低。包括王家楼、孙庄子和瑞云观乡的大部分村，以及小南辛堡和东花园镇南部。山区主要土壤类型是棕壤、淋溶褐土，少量分布残坡积物碳酸盐褐土；南部土壤类型是淋溶褐土和残坡积物碳酸盐褐土，棕壤分布面积较少。主要土地利用类型是林地和灌草地。前人提出该区的主要问题是森林破坏严重和水土流失，近10年来，随着生态保育工程的逐步推进，林地面积增加，水土流失得到缓解，而造林的稳定性成为今后发展的关键问题。另外，该区人口较少，青壮年多外出打工，人口老龄化严重，耕地面积少，传统农业产量低，导致农村人均纯收入最低；碳固定、土壤保持、生境质量和自然娱乐服务较高，而农产品供给服务低，生态系统服务需求相对较低；村民福祉较低。该区是实现水源涵养和生态环境支撑作用的关键功能带，由于调节、支持服务的空间流动性，对当地福祉的贡献度较低，因此福祉的提升需要依赖于生态旅游以及政府相关部门的生态补偿制度的支持。

该区的主要功能是水土保持、固碳和生物多样性保育，建立和完善生态补偿制度，退耕还林是该区主要的生态保育项目，土壤保持的成效也较为显著，而经济林的种植是该区“绿山富民”，兼顾生态系统服务提供和福祉提升的有效措施。生态林和经济林建设相结合，营建人工林时，着力开发乡土树种，比如种植核桃、杏扁等经济林，多树种造林，注意树种选择和配置，控制林分密度，增加林下物种多样性，进而减少病虫害，提高人工林稳定性。在适宜耕种的山区沟域等地区发展生态循环农业示范基地和设施冷凉蔬菜，促进种养循环、农牧结合，比如“养殖-沼气-种植”生态模式，解决该区养殖饲料获取困难和化肥污染的问题。南北两山以林地为主，森林旅游资源丰富，北部山区拥有水口山、白龙潭林区和5个行政村组成的东沟景区，宜建立森林公园，划定生态缓冲区，开发东沟沿路旅游设施是发展重点；南部山区宜重点推进和宣传样边长城和大营盘明长城等文化休闲旅游。另外，完善水、电、讯、房等基础设施建设，提升医疗教育等基本公共服务，增加村民福祉。

第三节　小结

本章基于统计数据、气象数据、野外调查和问卷调查访谈数据，从气候、土壤、植物群落多样性、农户社会经济认知等方面

分析了怀来县的生态环境特征和社会经济特征，探讨怀来县发展的困境，为生态系统服务和人类福祉的研究提供背景信息，为怀来山盆系统可持续发展范式的研究提供背景支持。另外，基于生态系统服务和人类福祉评估结果，在乡镇尺度上对怀来县进行空间分区，分析了各分区的生态系统服务和人类福祉特征；针对分区结果的局限性，结合怀来县的实地调查访谈、生态和社会经济背景、生态系统服务供需和人类福祉水平，并基于前人提出的范式体系概略以及未来气候变化情景，进一步发展和细化了怀来山盆系统可持续发展范式，提出了各功能带适宜的发展模式。具体总结如下。

（1）近 60 年来怀来县年均气温呈现上升的趋势，年降水量呈波动下降的趋势，气候有暖干化的趋势。土壤类型在空间上存在分异，棕壤分布在南北两山海拔 1 200 m 以上的中山山地，南部丘陵大量分布残坡积物碳酸盐褐土，土层较薄，养分含量低，不适宜耕作；高产土壤草甸土、灌淤土分布在西部河谷平原。表层土壤有机碳含量以天然林地为最高，其次是灌丛和人工林地。天然混交林的物种多样性、丰富度和均匀度均最高，而纯林相对较低，人工林结构单一，物种多样性低。因此，在研究区人工林建植时，应提高造林的稳定性，发展多树种造林，控制种植密度。

（2）怀来县的社会经济稳步发展，2001—2015 年地区生产总值不断提高，年均增长率为 13.6%，三次产业结构占比由 13.5∶40.7∶45.7 演进为 13.6∶25.6∶60.7。农业产值所占比重最大，其次是牧业，林业和渔业所占比重较小，2015 年农林牧渔业产值比重分别为 63.34%、2.66%、30.93%和 3.08%。

（3）缺乏产业带动是当前最迫切需要解决的问题。受访农户认为最需要解决的家庭问题是增加经济收入，希望提高家庭在村里的地位及丰富精神文化生活的农户比例得到提高。农户对教育的需求较高，贫穷对教育的影响得到了改善，而教学条件成为限制良好教育自由和选择的主要因素。在生态环境认知方面，大多数受访农户认为近 10 年来怀来县的生态环境得到了改善，而面临的主要生态环境问题是干旱、空气质量差和水污染。在农业发展及技术需求方面，农户迫切需求的技术由作物良种和病虫害防治转变为病虫害防治和科学施肥技术；农户最为需要的农业服务仍为供求和销售信息及新技术培训。农户对待新技术的引进多数表现为积极支持，在风险承受能力上有所提高，农业技术传播途径仍较为单一和传统，应重点建设现代农业技术的示范、推广和咨询体系，加强和科研院所的合作。

（4）乡镇尺度上，根据生态系统服务和人类福祉的特征，将怀来县分为 5 个区。结果发现，在特色水果种植区和农业主产区，农产品供给服务较高，同时福祉水平也较高；而在生态保育和生态旅游区，土壤保持、碳固定等调节和支持服务较高，而福祉却较低。以行政单位作为基本单元进行功能分区存在局限性，为综合地貌特征并且方便管理，需要结合山盆系统的功能带进一步修订和细化。

（5）在生态系统服务供需和人类福祉的关系中，当产品供给服务高、需求低，供给超过需求、需求得到满足时，促进了各项福祉要素的提升；而产品供给服务需求和供给均较低时，影响了高质量物质需求、健康和自由选择福祉的提升。调节和支持服务的供需失衡达到一定程度时会威胁人类福祉；生态系统服务存在空间流动，碳固定、土壤保持、生境质量和自然娱乐服务通过载体（人、水流等）流向山盆系统以外的受益区，对本地福祉的提升作用较弱。

（6）基于前人 3 种未来气候变化情景下的土地利用适宜性结果，气候暖干化的情景下，园地的适宜性增加，而耕地、林地和灌丛/草地的适宜面积缩减，有利于果品供给服务的提升，而

粮食供给和调节、支持服务供给能力下降，通过推进节水灌溉等农业技术、生态保育项目来适应和应对气候变化。

（7）在怀来山盆系统可持续发展范式的构建中，以改善生态系统服务和提高福祉为目标，组合配置各功能带：官厅水库是重要的水源地，目前的发展重点是国家湿地公园建设；环库带的主要作用是水库防护、水源涵养和维护生物多样性，发展模式是林灌草带建设和发展生态旅游；河谷平原适宜发展模式是西部设施生态农业、东部观光农业和中部农产品加工相结合，丰富精神文化生活；低山丘陵带将发展模式调整为北部粮果种植和文化旅游，南部发展沟域特色产业和生态保育；中山山地带的功能定位是水土保持、固碳和生物多样性保育，该区发展模式是完善生态补偿制度，推进森林旅游和休闲旅游，完善山区农村基础设施建设。

第五章　主要结论与研究展望

第一节　主要结论

以遥感和地理信息技术为支撑，对怀来县重要生态系统服务进行估算，分析生态系统服务的时空变化特征、权衡和协同关系；结合问卷调查数据，研究利益相关者对生态系统服务的认知，揭示怀来县生态系统服务在空间上的供需关系；评估怀来县人类福祉，分析其空间分布特征；在此基础上，结合生态和社会经济特征以及前人已有研究，充分考虑生态系统服务和人类福祉的改善和可持续性，进一步发展和细化怀来山盆系统可持续发展范式。主要研究结论如下。

（1）近 10 年来，怀来县各项生态系统服务均呈现增加的趋势。土壤保持服务 2005—2010 年增加缓慢，2010—2015 年增加明显，增加量为 34.64 t/（hm^2·a）；生境质量在前 5 年改善较大，后 5 年增加缓慢，2005—2015 年得分在 0~0.2 和 0.6~0.8 的区间所占比例分别减少了 7.23%和 4.96%，而 0.2~0.4 和 0.8~1 区间所占比例分别增加了 7.98%和 4.2%；粮食产量和蔬菜产量于前 5 年在波动中增加，平均增幅分别为 12.35%和 5.33%，后 5 年粮食产量的波动减小，平均增幅为 2.49%和 10.13%；水果产量呈现稳步提高的趋势，平均增幅 7.4%；肉类产量前 5 年增加幅度较大，后 5 年呈现平稳增加趋势。

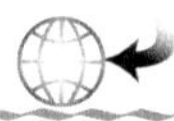

（2）受山盆系统的影响，生态系统服务在空间上存在明显的差异。碳固定、土壤保持、生境质量和自然娱乐均主要分布在南北山地；粮食和蔬菜生产主要集中在西北部河谷平原；果品供给服务主要分布在官厅水库周边及南部丘陵的乡镇；肉类产量主要分布在河谷平原的中部及北部低山丘陵区的乡镇。

（3）2005—2015 年怀来县 8 项生态系统服务在空间上存在权衡和协同。土壤保持、碳固定、生境质量和自然娱乐 4 项服务之间表现为协同关系，粮食生产、蔬菜生产和肉类产量之间均表现为协同关系，而土壤保持、碳固定、生境质量和自然娱乐与 4 种产品供给服务之间均表现为权衡关系。

（4）生态系统服务的估算结果与变化趋势认知存在差异。4 种产品供给服务在 2005—2015 年均呈现增加的趋势，而 45%和 50%的受访者认为粮食生产和水果供给在近 10 年间有减少的趋势，可能与产品供给服务年际间波动较大，受访者对影响较大的事件具有较深记忆有关。碳固定与自然娱乐在 2005—2015 年表现为增加的趋势，这与变化认知的结果相一致。

（5）碳固定、土壤保持、生境质量和自然娱乐 4 种服务，在空间上的供需匹配度较低，南北山地和丘陵区自然植被生长较好，植被覆盖度高，表现为供给大于需求，河谷平原区的人为活动较为剧烈，生态系统服务供给少，而需求高，其中以沙城镇的供需失衡最为严重。对于 4 项产品供给服务来说，多数乡镇的供需匹配度均较高。

（6）怀来县的福祉实现还处于较初级的阶段。维持高质量生活的基础物质需求、安全和健康的值较高，而较高层次的福祉（自由和选择及良好的社会关系）较低。福祉在空间上存在差异，河谷平原的福祉最高，其次是低山丘陵，中山山地最低；在怀来山盆系统可持续的福祉管理中，应重点提升各功能带相对薄弱的福祉要素，并加强空间上的福祉平衡。

（7）怀来县碳固定、土壤保持、生境质量和自然娱乐服务较高的乡镇，福祉水平较低；而产品供给服务和高福祉存在关联。进一步分析生态系统服务供需和福祉的关系，当产品供给服务高、需求低时，促进了各项福祉要素的提升；而产品供给服务需求和供给均较低时，影响了高质量物质需求、健康和自由选择福祉的提升。调节和支持服务的供需失衡达到一定程度时会威胁人类福祉；碳固定、土壤保持、生境质量和自然娱乐服务通过载体（人、水流等）流向山盆系统以外的受益区，对本地福祉提升作用减弱。

（8）怀来山盆系统可持续发展范式重点在于：优势特色产业培育、传统农业向生态农业转变，一二三产业相互带动；因地制宜，发挥各功能带优势，达到生态系统服务提升，生产、生态和生活同步发展，最终实现可持续的福祉。其中，官厅水库是重要的水源地，目前的发展重点是国家湿地公园建设；环库带的发展模式依旧是林灌草带建设，在此基础上发展生态旅游；河谷平原带目前适宜的发展模式是西部设施生态农业、东部观光农业和中部农产品加工相结合，丰富农村精神文化生活；低山丘陵带将发展模式调整为北部粮果种植和文化旅游，南部发展沟域特色产业和生态保育；中山山地带适宜发展模式是协调生态林和经济林建设，发展生态循环农业，推进森林旅游和休闲旅游，完善山区基础设施。

第二节　研究中存在的不足及展望

本研究在以下几个方面有待改进和深入。

（1）除涉及的 8 种关键生态系统服务外，还有湿地旅游、文化娱乐和水供给等服务，由于研究区范围较小、数据可获取性和个人知识水平有限，没有将其归纳分析，有待在未来的研究中

发展新方法进行估算。

（2）在生态系统服务相互关系研究中，本研究仅利用相关性分析了空间的权衡/协同，而权衡和协同内部的机制及时间尺度上的权衡/协同还有待深入分析和总结，权衡/协同对人类福祉的影响也有待进一步探索。

（3）在供需关系的研究中，以乡镇作为基本单位，对怀来山盆系统内部空间上的供需匹配程度进行了分析，没有扩展到更大的尺度上量化生态系统服务的流动，有待在未来的研究中加以补充，但目前的研究结果有利于通过生态系统服务流的传递，实现乡镇间的共赢。

（4）本研究以山盆系统作为研究对象，研究的时空尺度较小，并具有一定的区域性，部分研究结论未必适用于更大尺度的区域，比如生态系统服务的权衡/协同关系。但本研究也具有共性，对其他研究区具有借鉴作用。在方法上，本研究结合多种研究方法，利用社会调查数据为模型估算结果提供反馈和参考，整合生态系统服务和人类福祉，发展范式体系，研究思路适用于其他区域可持续发展的管理实践；在结论中，福祉的实现具有层次性，在福祉实现的初级阶段表现为低阶福祉要素对福祉的贡献较大，进而高供给服务区的福祉较高，高调节服务区的福祉较低，为探究不同尺度上生态系统服务和人类福祉的关系提供局地研究案例。

参考文献

白杨，王敏，李晖，等，2017.生态系统服务供给与需求的理论与管理方法. 生态学报，37（17）：5846-5852.

白杨，郑华，庄长伟，等，2013.白洋淀流域生态系统服务评估及其调控. 生态学报，33（3）：711-717.

蔡崇法，丁树文，2000.应用 USLE 模型与地理信息系统 IDRISI 预测小流域土壤侵蚀量的研究. 水土保持学报，14（2）：19-24.

蔡晓明，2000.生态系统生态学. 北京：科学出版社.

陈妍，乔飞，江磊，2016.基于 InVEST 模型的土地利用格局变化对区域尺度生境质量的评估研究：以北京为例. 北京大学学报（自然科学版），52（3）：553-562.

陈宜瑜，等，2011.中国生态系统服务与管理战略. 北京：中国环境科学出版社.

陈仲新，张新时，2000.中国生态系统效益的价值. 科学通报，45（1）：17-22.

代光烁，娜日苏，董孝斌，等，2014.内蒙古草原人类福祉与生态系统服务及其动态变化：以锡林郭勒草原为例. 生态学报，34（9）：2422-2430.

邓辉，何政伟，陈晔，等，2013.基于 GIS 和 RUSLE 模型的山地环境水土流失空间特征定量分析：以四川泸定县为例. 地球与环境，41（6）：669-679.

杜世勋，荣月静，2015.基于 InVEST 模型山西省土地利用变化的生物多样性功能研究. 环境与可持续发展，40（6）：65-70.

方精云，王襄平，沈泽昊，等，2009.植物群落清查的主要内容、方法和技术规范. 生物多样性，17（6）：533-548.

傅伯杰，吕一河，高光耀，2012.中国主要陆地生态系统服务与生态安全研究的重要进展. 自然杂志，34（5）：261-272.

傅伯杰，于丹丹，吕楠，2017.中国生物多样性与生态系统服务评估指标体系. 生态学报，37（2）：341-348.

黄从红，2014.基于 InVEST 模型的生态系统服务功能研究. 北京：北京林业大学.

黄甘霖，姜亚琼，刘志锋，等，2016.人类福祉研究进展：基于可持续科学视角. 生态学报，36（23）：7519-7527.

黄麟，曹巍，吴丹，等，2016.西藏高原生态系统服务时空格局及其变化特征. 自然资源学报，31（4）：543-555.

李惠梅，张安录，2013.生态环境保护与福祉. 生态学报，33（3）：825-833.

李惠梅，张雄，张俊峰，等，2014.自然资源保护对参与者多维福祉的影响：以黄河源头玛多牧民为例. 生态学报，34（22）：6767-6777.

李磊，2016.首都跨界水源地生态补偿机制研究. 北京：首都经济贸易大学.

李鹏，姜鲁光，封志明，等，2012.生态系统服务竞争与协同研究进展. 生态学报，32（16）：5219-5229.

李奇，朱建华，肖文发，2019.生物多样性与生态系统服务：关系、权衡与管理. 生态学报，39（8）：2655-2666.

李双成，刘金龙，张才玉，等，2011.生态系统服务研究动态及地理学研究范式. 地理学报，66（12）：1618–1630.

李双成，张才玉，刘金龙，等，2013.生态系统服务权衡与协同研究进展及地理学研究议题. 地理研究，32（8）：1379–1390.

李文华，2006.生态系统服务研究是生态系统评估的核心. 资源科学，28（4）：4–4.

李琰，李双成，高阳，等，2013.连接多层次人类福祉的生态系统服务分类框架. 地理学报，68（8）：1038–1047.

李占斌，朱冰冰，李鹏，2008.土壤侵蚀与水土保持研究进展. 土壤学报（5）：802–809.

刘桂环，文一惠，张惠远，2010.基于生态系统服务的官厅水库流域生态补偿机制研究. 资源科学，32（5）：856–863.

刘家根，黄璐，严力蛟，2018.生态系统服务对人类福祉的影响研究：以浙江省桐庐县为例. 生态学报，38（5）：1687–1697.

刘秀丽，张勃，郑庆荣，等，2014.黄土高原土石山区退耕还林对农户福祉的影响研究：以宁武县为例. 资源科学，36（2）：397–405.

刘勇洪，权维俊，高燕虎，2010.华北植被的净初级生产力研究及其时空格局分析. 自然资源学报，25（4）：564–573.

娄安如，2001.我国北方农牧交错带生态–生产结构优化模式研究. 北京：北京师范大学.

娄安如，2006.中国北方农牧交错带河北省怀来县生态环境敏感性分析. 北京林业大学学报，28（3）：46–52.

吕一河，马志敏，傅伯杰，等，2013.生态系统服务多样性与景观多功能性：从科学理念到综合评估. 生态学报，33

（4）：1153-1159.
马克平，黄建辉，于顺利，等，1995.北京东灵山地区植物群落多样性的研究Ⅱ丰富度、均匀度和物种多样性指数. 生态学报，15（3）：268-277.
马琳，刘浩，彭建，等，2017.生态系统服务供给和需求研究进展. 地理学报，72（7）：1277-1289.
马振刚，李黎黎，艾立志，2015.1978—2013年官厅水库面积变化的时空分析. 干旱区研究，32（3）：428-434.
门明新，赵同科，彭正萍，等，2004.基于土壤粒径分布模型的河北省土壤可蚀性研究. 中国农业科学，37（11）：1647-1653.
欧阳志云，王如松，2000.生态系统服务功能、生态价值与可持续发展. 世界科技研究与发展，1（5）：45-50.
欧阳志云，王效科，和苗鸿，1999.中国陆地生态系统服务功能及其生态经济价值的初步研究. 生态学报，19（5）：607-613.
潘耀忠，史培军，朱文泉，等，2004.中国陆地生态系统生态资产遥感定量测量. 中国科学：地球科学，34（4）：375-384.
潘影，甄霖，杨莉，等，2012.宁夏固原市生态保育对农民福祉的影响初探. 干旱区研究，29（3）：553-560.
彭建，杨旸，谢盼，等，2017.基于生态系统服务供需的广东省绿地生态网络建设分区. 生态学报，37（13）：4562-4572.
任笑一，2013.城市绿地生态服务与人类福祉的梯度分析. 杭州：浙江大学.
盛炜彤，2001.人工林的生物学稳定性与可持续经营. 世界林业研究（6）：14-21.

石垚，王如松，黄锦楼，等，2012.中国陆地生态系统服务功能的时空变化分析. 科学通报，1（9）：720-731.

王蓓，赵军，胡秀芳，2016.基于 InVEST 模型的黑河流域生态系统服务空间格局分析. 生态学杂志，35（10）：2783-2792.

王博杰，唐海萍，2016.人类福祉及其在生态学研究中的应用与展望. 生态与农村环境学报，32（5）：697-702.

王大尚，李屹峰，郑华，等，2014.密云水库上游流域生态系统服务功能空间特征及其与居民福祉的关系. 生态学报，34（1）：70-81.

王李娟，牛铮，旷达，2010.基于 MODIS 数据的 2002~2006 年中国陆地 NPP 分析. 国土资源遥感（4）：113-116.

王璐珏，2012.河北省植被净初级生产力遥感估算. 石家庄：河北师范大学.

王如松，2004.生态学与人类福祉：新千年生态系统评估与复合生态系统研究. 中国生态学会全国会员代表大会.

王晓峰，吕一河，傅伯杰，2012.生态系统服务与生态安全. 自然杂志，34（5）：273-276，298.

邬建国，郭晓川，杨劼，等，2012.什么是可持续性科学? 应用生态学报，25（1）：1-11.

吴健生，钟晓红，彭建，等，2015.基于生态系统服务簇的小尺度区域生态用地功能分类：以重庆两江新区为例. 生态学报，35（11）：3808-3816.

武文欢，彭建，刘焱序，等，2017.鄂尔多斯市生态系统服务权衡与协同分析. 地理科学进展，36（12）：1571-1581.

夏静芳，2012.沙棘人工林水土保持功能与植被配置模式研究. 北京：北京林业大学.

肖玉，谢高地，安凯，2003.莽措湖流域生态系统服务功能经济价值变化研究. 应用生态学报，14（5）：676-680.
谢高地，鲁春霞，冷允法，等，2003.青藏高原生态资产的价值评估. 自然资源学报，18（2）：189-196.
谢高地，张彩霞，张昌顺，等，2015.中国生态系统服务的价值. 资源科学，37（9）：1740-1746.
许旭，2011.生态系统服务价值遥感估算及其与气候变化和人类活动的关系研究. 北京：北京师范大学.
许颖，2016.结合气候变化适应和土地利用的怀来县景观格局优化研究 . 北京：北京师范大学.
许颖，唐海萍，2015.河北怀来盆地近60a气候变化特征及其影响. 北京师范大学学报（自然科学版），51（3）：293-298.
杨建民，张跃武，2016.京津冀协同发展下官厅水库水源地保护思考. 北京水务（1）：48-50.
杨莉，甄霖，李芬，等，2010.黄土高原生态系统服务变化对人类福祉的影响初探. 资源科学，32（5）：849-855.
杨莉琳，毛任钊，李红军，2004.怀来县水土资源高效利用模式与农业节水技术探讨. 水土保持研究，11（1）：27-30.
杨晓楠，李晶，秦克玉，等，2015.关中-天水经济区生态系统服务的权衡关系. 地理学报，70（11）：1762-1773.
杨芝歌，周彬，余新晓，等，2012.北京山区生物多样性分析与碳储量评估. 水土保持通报，32（3）：42-46.
姚婧，何兴元，陈玮，2018.生态系统服务流研究方法最新进展. 应用生态学报，29（1）：335-342.
游松财，李文卿，1999.GIS支持下的土壤侵蚀量估算：以江西省泰和县灌溪乡为例. 自然资源学报，14（1）：63-69.
臧正，邹欣庆，2016.基于生态系统服务理论的生态福祉内涵表征与评价. 应用生态学报，27（4）：1085-1094.

湛东升，张文忠，余建辉，等，2016.问卷调查方法在中国人文地理学研究的应用. 地理学报，71（6）：899-913.

张立伟，傅伯杰，2014.生态系统服务制图研究进展. 生态学报，34（2）：316-325.

张文国，2002.官厅水库流域水资源可持续利用经济发展模式研究. 北京：北京师范大学.

张新时，2000.草地的生态经济功能及其范式. 科技导报，18（8）：3-7.

张新时，唐海萍，等，2008.中国北方农牧交错带优化生态-生产范式集成. 北京：科学出版社.

赵景柱，肖寒，吴刚，2000.生态系统服务的物质量与价值量评价方法的比较分析. 应用生态学报，11（2）：290-292.

赵琪琪，李晶，刘婧雅，等，2018.基于 SolVES 模型的关中-天水经济区生态系统文化服务评估. 生态学报，38（10）.

赵士洞，张永民，2006.生态系统与人类福祉：千年生态系统评估的成就、贡献和展望. 地球科学进展，21（9）：895-902.

赵文武，刘月，冯强，等，2018.人地系统耦合框架下的生态系统服务. 地理科学进展，37（1）：139-151.

赵云龙，2004.北方农牧交错带山盆系统优化生态-生产范式研究. 北京：北京师范大学.

赵云龙，唐海萍，李新宇，等，2006.怀来山盆系统优化生态-生产范式. 生态学报，26（12）：4234-4243.

郑华，李屹峰，欧阳志云，等，2013.生态系统服务功能管理研究进展. 生态学报，33（3）：702-710.

郑华，欧阳志云，赵同谦，等，2003.人类活动对生态系统服务功能的影响. 自然资源学报（1）：118–126.

钟华，2014.基于生态承载力的土地利用优化研究：以怀来县为例. 北京：北京林业大学.

钟莉娜，王军，2017.基于InVEST模型评估土地整治对生境质量的影响. 农业工程学报，33（1）：250–255.

朱文泉，潘耀忠，张锦水，2007.中国陆地植被净初级生产力遥感估算. 植物生态学报，31（3）：413–424.

Abunge C., Coulthard S., Daw T.M., 2013.Connecting marine ecosystem services to human well-being: Insights from participatory well - being assessment in kenya. Ambio, 42: 1010–1021.

Arbieu U., Grünewald C., Martín - López B., et al., 2017. Mismatches between supply and demand in wildlife tourism: Insights for assessing cultural ecosystem services.Ecological Indicators, 78: 282–291.

Bai Y., Zhuang C., Ouyang Z., et al., 2011.Spatial characteristics between biodiversity and ecosystem services in a human - dominated watershed. Ecological Complexity, 8: 177–183.

Bai L., Tian J., Peng Y., et al., 2021. Effects of climate change on ecosystem services and their components in southern hills and northern grasslands in China.Environmental Science and Pollution Research, 28: 44916–44935.

Baró F., Palomo I., Zulian G., et al., 2016. Mapping ecosystem service capacity, flow and demand for landscape and urban planning: A case study in the barcelona metropolitan region.Land Use Policy, 57: 405–417.

Bennett E. M., Carpenter S. R., Caraco N.F., 2001.Human

impact onerodable phosphorus and eutrophication: A global perspective increasing accumulation of phosphorus in soil threatens rivers, lakes, and coastal oceans with eutrophication. BioScience, 51: 227-234.

Bennett E.M., Cramer W., Begossi A., et al., 2015. Linking biodiversity, ecosystem services, and human well - being: Three challenges for designing research for sustainability. Current Opinion in Environmental Sustainability, 14: 76-85.

Bennett E. M., Peterson G. D., Gordon L. J., 2009. Understanding relationships among multiple ecosystem services. Ecology Letters, 12: 1394-1404.

Bentham J., 1995. The panopticon writings. London: Verso.

Bieling C., Plieninger T., Pirker H., et al., 2014. Linkages between landscapes and human well-being: An empirical exploration with short interviews. Ecological Economics, 105: 19-30.

Briner S., Huber R., Bebi P., et al., 2013. Trade - offs between ecosystem services in a mountain region. Ecology and Society, 18: 35.

Brown S., Lugo A.E., 1990. Effects of forest clearing and succession on the carbon and nitrogen content of soils in Puerto Rico and US Virgin Islands. Plant and Soil, 124: 53-64.

Burkhard B., Kandziora M., Hou Y., et al., 2014. Ecosystem service potentials, flows and demand - concepts for spatial localisation, indication and quantification. Landscape online, 34: 1-32.

Burkhard B., Kroll F., Nedkov S., et al., 2012. Mapping ecosystem service supply, demand and budgets. Ecological Indi-

cators, 21: 17-29.

Butler C. D., Oluoch - Kosura W., 2006. Linking future ecosystem services and future human well-being. Ecology and Society, 11: 30.

Butler J.R., Wong G.Y., Metcalfe D.J., et al., 2013. An analysis of trade-offs between multiple ecosystem services and stakeholders linked to land use and water quality management in the great barrier reef, australia. Agriculture, ecosystems & environment, 180: 176-191.

Carpenter S.R., Mooney H.A., Agard J., et al., 2009. Science for managing ecosystem services: Beyond the millennium ecosystem assessment. Proceedings of the National Academy of Sciences, 106: 1305-1312.

Casado-Arzuaga I., Madariaga I., Onaindia M., 2013. Perception, demand and user contribution to ecosystem services in the bilbao metropolitan greenbelt. Journal of Environmental Management, 129: 33-43.

Cebrián-Piqueras M.A., Karrasch L., Kleyer M., 2017. Coupling stakeholder assessments of ecosystem services with biophysical ecosystem properties reveals importance of social contexts. Ecosystem Services, 23: 108-115.

Celentano D., Sills E., Sales M., et al., 2012. Welfare outcomes and the advance of the deforestation frontier in the brazilian amazon. World Development, 40: 850-864.

Chisholm R.A., 2010. Trade-offs between ecosystem services: Water and carbon in a biodiversity hotspot. Ecological Economics, 69: 1973-1987.

Ciftcioglu G.C., 2017. Assessment of the relationship between ecosystem services and human wellbeing in the social - ecological landscapes of lefke region in north cyprus. Landscape Ecology, 32: 897-913.

Costanza R., de Groot R., Braat L., et al., 2017. Twenty years of ecosystem services: How far have we come and how far do we still need to go? Ecosystem Services, 28: 1-16.

Costanza R., d'Arge R., De Groot R., et al., 1997. The value of the world's ecosystem services and natural capital. Nature, 387: 253-260.

Costanza R., 2008. Ecosystem services: Multiple classification systems are needed. Biological conservation, 141: 350-352.

Crouzat E., Mouchet M., Turkelboom F., et al., 2015. Assessing bundles of ecosystem services from regional to landscape scale: Insights from the french alps. Journal of Applied Ecology, 52: 1145-1155.

Cui F., Wang B., Zhang Q., et al., 2021. Climate change versus land - use change—What affects the ecosystem services more in the forest-steppe ecotone? Science of the Total Environment, 759: 143525.

Daily G., 1997. Nature's services: Societal dependence on natural ecosystems. Island Press.

De Groot R.S., Wilson M.A., Boumans R.M., 2002. A typology for the classification, description and valuation of ecosystem functions, goods and services. Ecological Economics, 41: 393-408.

Delgado L.E., Marín V.H., 2016. Well-being and the use of ecosystem services by rural households of therío cruces watershed, southern chile. Ecosystem Services, 21, Part A:

81-91.

Diener E., Seligman M.E., 2004. Beyond money toward an economy of well-being. Psychological science in the public interest, 5: 1-31.

Dodds S., 1997. Towards a 'science of sustainability': Improving the way ecological economics understands human well-being. Ecological Economics, 23: 95-111.

Duraiappah A.K., 2011. Ecosystem services and human well-being: Do global findings make any sense? BioScience, 61: 7-8.

Ehrlich P.R., Ehrlich A.H., 1981. Extinction: The causes and consequences of the disappearance of species. New York: Random House.

Ehrlich P.R., Mooney H.A., 1983. Extinction, substitution, and ecosystem services. BioScience, 33: 248-254.

Eigenbrod F., Armsworth P.R., Anderson B.J., et al., 2010. The impact of proxy-based methods on mapping the distribution of ecosystem services. Journal of Applied Ecology, 47: 377-385.

Fisher B., Turner R.K., Morling P., 2009. Defining and classifying ecosystem services for decision making. Ecological Economics, 68: 643-653.

Fournier F., 1960. Climate and Erosion. Paris: Pressuniversitarires de France.

Fu B.J., Liu Y., Lu Y.H., et al., 2011. Assessing the soil erosion control service of ecosystems change in the loess plateau ofchina. Ecological Complexity, 8: 284-293.

Fu Q., Li B., Yang L.L., et al., 2015. Ecosystem services evaluation and its spatial characteristics in centralasia's arid regions: A case study in altay prefecture, China.Sustainability, 7: 8335-8353.

Goldstein J.H., Caldarone G., Duarte T.K., et al., 2012.Integrating ecosystem-service tradeoffs into land-use decisions. Proceedings of the National Academy of Sciences, 109: 7565-7570.

Holdren J.P., Ehrlich P.R., 1974.Human population and the global environment: Population growth, rising per capita material consumption, and disruptive technologies have made civilization a global ecological force. American scientist, 62: 282-292.

Hossain M.S., Dearing J.A., Rahman M., et al., 2016.Recent changes in ecosystem services and human well-being in the bangladesh coastal zone. Regional Environmental Change, 1-15.

Hossain M. S., Eigenbrod F., Amoako Johnson F., et al., 2017. Unravelling the interrelationships between ecosystem services and human well-being in the bangladesh delta.International Journal of Sustainable Development & World Ecology, 24: 120-134.

Hou Y., Zhou S., Burkhard B., et al., 2014.Socioeconomic influences on biodiversity, ecosystem services and human well-being: A quantitative application of thedpsir model in Jiangsu, China.Science of the Total Environment, 490: 1012-1028.

Hu H., Fu B., Lü Y., et al., 2015. Saores: A spatially explicit assessment and optimization tool for regional ecosystem services.Landscape Ecology, 30: 547-560.

Hu B., Wu H., Han H., et al., 2023. Dramatic shift in the drivers of ecosystem service trade-offs across an aridity gradient: Evidence from China's Loess Plateau.Science of the Total Environment, 858: 159836.

Iniesta-Arandia I., García-Llorente M., Aguilera P. A., et al., 2014.Socio-cultural valuation of ecosystem services: Uncovering the links between values, drivers of change, and human well-being.Ecological Economics, 108: 36-48.

Jiang C., Li D., Wang D., et al., 2016.Quantification and assessment of changes in ecosystem service in the three-river headwaters region, china as a result of climate variability and land cover change.Ecological Indicators, 66: 199-211.

Kapuria P., 2016.A human well-being perspective to the measurement of quality of life: findings from the city of Delhi.Applied Research in Quality of Life, 11: 125-145.

Kazana V., Kazaklis A., 2009.Exploring quality of life concerns in the context of sustainable rural development at the local level: A greek case study.Regional Environmental Change, 9: 209-219.

King M.F., Renó V.F., Novo E.M., 2014.The concept, dimensions and methods of assessment of human well-being within a socioecological context: A literature review.Social Indicators Research, 116: 681-698.

Krueger A.B., Stone A.A., 2014.Progress in measuring subjective well-being.Science, 346: 42-43.

Lamarque P., Tappeiner U., Turner C., et al., 2011.Stakeholder perceptions of grassland ecosystem services in relation to knowledge on soil fertility and biodiversity.Regional Environmental Change , 11: 791-804.

Li Y., Zhang L., Yan J., et al., 2017. Mapping the hotspots and coldspots of ecosystem services in conservation priority setting. Journal of Geographical Sciences, 27: 681-696.

Li M., Wang X.& Chen J., 2022. Assessment of Grassland Ecosystem Services and Analysis on Its Driving Factors: A Case Study in Hulunbuir Grassland. Frontiers in Ecology and Evolution, 10.

Liu Y., Yuan X., Li J., et al., 2023. Trade - offs and synergistic relationships of ecosystem services under land use change in Xinjiang from 1990 to 2020: A Bayesian network analysis. Science of the Total Environment, 858: 160015.

Los S., 1998. Linkages between global vegetation and climate: an analysis based on NOAA advanced veryhigh resoluation radiometer data. National Aeronautics and Space Adiministration (NASA).

Lu N., Fu B., Jin T., et al., 2014. Trade-off analyses of multiple ecosystem services by plantations along a precipitation gradient across loess plateau landscapes. Landscape Ecology, 29: 1697-1708.

MA, 2005. Ecosystems and human well-being. Island Press Washington, DC.

Maas S.J., 1998. Estimating cotton canopy ground cover from remotely sensed scene reflectance. Agronomy Journal, 90: 384-388.

Maes J., Egoh B., Willemen L., et al., 2012. Mapping ecosystem services for policy support and decision making in the european union. Ecosystem Services, 1: 31-39.

Martín-López B., Gómez-Baggethun E., García-Llorente M., et al., 2014. Trade-offs across value-domains in ecosystem services assessment. Ecological Indicators, 37: 220-228.

Maslow A., 1954. Motivation and personality. New York: Harper & Row.

Menzel S., Teng J., 2010. Ecosystem services as a stakeholder-driven concept for conservation science. Conservation Biology, 24: 907-909.

Nelson E., Mendoza G., Regetz J., et al., 2009. Modeling multiple ecosystem services, biodiversity conservation, commodity production, and tradeoffs at landscape scales. Frontiers in Ecology and the Environment, 7: 4-11.

Nelson E.J., Kareiva P., Ruckelshaus M., et al., 2013. Climate change's impact on key ecosystem services and the human well-being they support in the US. Frontiers in Ecology and the Environment, 11: 483-493.

Ohl C., Johst K., Meyerhoff J., et al., 2010. Long-term socio-ecological research (ltser) for biodiversity protection-a complex systems approach for the study of dynamic human-nature interactions. Ecological Complexity, 7: 170-178.

Onur A.C. and Tezer A., 2015. Ecosystem services based spatial planning decision making for adaptation to climate changes. Habitat International, 47: 267-278.

Oswald A.J., Wu S., 2010. Objective confirmation of subjective measures of human well-being: Evidence from the USA. Science, 327: 576-579.

Ouyang Z., Zheng H., Xiao Y., et al., 2016. Improvements in ecosystem services from investments in natural capital. Science,

352：1455–1459.

Palacios– Agundez I.，Onaindia M.，Barraqueta P.，et al.，2015.Provisioning ecosystem services supply and demand：The role of landscape management to reinforce supply and promote synergies with other ecosystem services.Land Use Policy，47：145–155.

Palmer M.，Bernhardt E.，Chornesky E.，et al.，2004.Ecology for a crowded planet.Science，304：1251–1252.

Pauly D.，Alder J.，Bennett E.，et al.，2003.The future for fisheries.Science，302：1359–1361.

Pereira E.，Queiroz C.，Pereira H.M.，et al.，2005.Ecosystem services and human well–being：A participatory study in a mountain community inportugal.Ecology and Society 10：14.

Qiu J.，Turner M. G.，2013. Spatial interactions among ecosystem services in an urbanizing agricultural watershed.Proceedings of the National Academy of Sciences，110：12149–12154.

Qiu J.，Yu D.，Huang T.，2022.Influential paths of ecosystem services on human well–being in the context of the sustainable development goals. Science of the Total Environment，852：158443.

Queiroz C.，Meacham M.，Richter K.，et al.，2015.Mapping bundles of ecosystem services reveals distinct types of multifunctionality within a swedish landscape.Ambio，44：89–101.

Quintas–Soriano C.，Castro A.J.，Castro H.，et al.，2016.Impacts of land use change on ecosystem services and implications for human well–being in spanish drylands.Land Use Policy，54：534–548.

Rao E., Ouyang Z., Yu X., et al., 2014. Spatial patterns and impacts of soil conservation service inchina. Geomorphology, 207: 64–70.

Raudsepp–Hearne C., Peterson G.D. and Bennett E., 2010a. Ecosystem service bundles for analyzing tradeoffs in diverse landscapes. Proceedings of the National Academy of Sciences, 107: 5242–5247.

Raudsepp – Hearne C., Peterson G. D., Tengö M., et al., 2010b. Untangling the environmentalist's paradox: Why is human well–being increasing as ecosystem services degrade? BioScience, 60: 576–589.

Renard K, Foster G, Weesies G, et al., 1997. Predicting soil erosion by water: a guide to conservation planning with the revised universal soil loss equation (RUSLE). Washington: USAD–ARS.

Renard K. G., Foster G. R., Weesies G. A., et al., 1991. Rusle: Revised universal soil loss equation. Journal of Soil and Water Conservation, 46: 30–33.

Rodrigues A.S., Ewers R.M., Parry L., et al., 2009. Boom–and–bust development patterns across the amazon deforestation frontier. Science, 324: 1435–1437.

Schröter D., Cramer W., Leemans R., et al., 2005. Ecosystem service supply and vulnerability to global change in europe. Science, 310: 1333–1337.

Schröter M., Barton D. N., Remme R. P., et al., 2014. Accounting for capacity and flow of ecosystem services: A conceptual model and a case study for telemark, norway. Ecological Indicators, 36: 539–551.

Sen A., 1993.The quality of life.World institute of development economics.Oxford: Clarendon Press.

Simonit S., Perrings C., 2013. Bundling ecosystem services in the panama canal watershed.Proceedings of the National Academy of Sciences, 110: 9326-9331.

Smith L.M., Case J.L., Smith H.M., et al., 2013.Relatingecoystem services to domains of human well-being: Foundation for a US index.Ecological Indicators, 28: 79-90.

Su C., Fu B., 2013.Evolution of ecosystem services in the chinese loess plateau under climatic and land use changes.Global and Planetary Change, 101: 119-128.

Summers J., Smith L., Case J., et al., 2012.A review of the elements of human well-being with an emphasis on the contribution of ecosystem services.Ambio, 41: 327-340.

Summers J.K., Smith L.M., 2014.The role of social and intergenerational equity in making changes in human well-being sustainable.Ambio, 43: 718-728.

Suneetha M., Rahajoe J.S., Shoyama K., et al., 2011.An indicator-based integrated assessment of ecosystem change and human-well-being: Selected case studies from Indonesia, China and Japan.Ecological Economics, 70: 2124-2136.

Sutton P.C., Costanza R., 2002.Global estimates of market and non-market values derived from nighttime satellite imagery, land cover, and ecosystem service valuation. Ecological Economics, 41: 509-527.

Swallow B. M., Sang J. K., Nyabenge M., et al., 2009. Tradeoffs, synergies and traps among ecosystem services in the lake victoria basin of east africa.Environmental Science &

Policy, 12: 504-519.

Tallis H., Ricketts T., Guerry A., et al., 2013. Invest 2.5.3 user's guide. The natural capital project. Stanford.

Tang H., Zhang X., 2003. Establishment of optimized eco-productive paradigm in the farming - pastoral zone of northernchina. ACTA BOTANICA SINICA, 45: 1166-1173.

Tao Y., Wang H., Ou W., et al., 2018. A land-cover-based approach to assessing ecosystem services supply and demand dynamics in the rapidly urbanizing yangtze river delta region. Land Use Policy, 72: 250-258.

Turner K.G., Odgaard M.V., Bøcher P.K., et al., 2014. Bundling ecosystem services in denmark: Trade-offs and synergies in a cultural landscape. Landscape and Urban Planning, 125: 89-104.

United NationsDevelopment Programme., 2015. Human development report 2015: work for human development. New York: UNDP.

Vemuri A.W., Costanza R., 2006. The role of human, social, built, and natural capital in explaining life satisfaction at the country level: Toward a national well-being index (NWI). Ecological Economics, 58: 119-133.

Vergílio M., Fjøsne K., Nistora A., et al., 2016. Carbon stocks and biodiversity conservation on a small island: Pico (the azores, Portugal). Land Use Policy, 58: 196-207.

Villamagna A. and Giesecke C., 2014. Adapting human well-being frameworks for ecosystem service assessments across diverse landscapes. Ecology and Society, 19: 11.

Villamagna A.M., Angermeier P.L., Bennett E.M., 2013. Capacity, pressure, demand, and flow: A conceptual framework for analyzing ecosystem service provision and delivery. Ecological Complexity, 15: 114–121.

Vogt W., 1948.Road to survival.New York: Island press.

Vrebos D., Staes J., Vandenbroucke T., et al., 2015.Mapping ecosystem service flows with land cover scoring maps for data-scarce regions.Ecosystem Services, 13: 28–40.

Wang B., Tang H., Xu Y., 2017a.Perceptions of human well-being across diverse respondents and landscapes in a mountain-basin system, china.Applied Geography, 85: 176–183.

Wang B., Tang H., Xu Y., 2017b. Integrating ecosystem services and human well-being into management practices: Insights from a mountain-basin area, China.Ecosystem Services, 27: 58–69.

Wei H., Fan W., Wang X., et al., 2017. Integrating supply and social demand in ecosystem services assessment: A review.Ecosystem Services, 25: 15–27.

Westman W.E., 1977.How much are nature's services worth? Science, 197: 960–964.

Williams J.R., Renard K.G., Dyke P.T., 1983.EPIC–A nwe method for assessing erosions effect on soil productivity.Journal of Soil and Water Conservation, 38: 381–383.

Wischmeier W.H., Smith D., 1978.Perdicting rainfall erosion losses–a guide to conservation planning.Washington DC: Science and Education Administration, United States Department of Agriculture.

Wolff S., Schulp C.J.E., Verburg P.H., 2015.Mapping ecosystem services demand: A review of current research and future perspectives.Ecological Indicators, 55: 159-171.

Wu J., 2013. Landscape sustainability science: Ecosystem services and human well-being in changing landscapes. Landscape Ecology, 28: 999-1023.

Wu R., Tang H., Lu Y., 2022. Exploring subjective well-being and ecosystem services perception in the agro-pastoral ecotone of northern China. Journal of environmental management, 318: 115591.

Xu Y., Tang H., Wang B., et al., 2016. Effects of land-use intensity on ecosystem services and human well-being: A case study in Huailai county, China. Environmental earth sciences, 75: 1-11.

Xu Y., Tang H., Wang B., et al., 2017. Effects of landscape patterns on soil erosion processes in a mountain - basin system in the northchina. Natural Hazards, 3: 1567-1585.

Xue C., Chen X., Xue L., et al., 2023. Modeling the spatially heterogeneous relationships between tradeoffs and synergies among ecosystem services and potential drivers considering geographic scale in Bairin Left Banner, China. Science of the Total Environment, 855: 158834.

Yang G., Ge Y., Xue H., et al., 2015. Using ecosystem service bundles to detect trade-offs and synergies across urban-rural complexes. Landscape and Urban Planning, 136: 110-121.

Yang M., Li X., Hu Y., et al., 2012. Assessing effects of landscape pattern on sediment yield using sediment delivery distributed model and a landscape indicator. Ecological Indicators, 22: 38-52.

Yang W., Dietz T., Kramer D.B., et al., 2013. Going beyond the millennium ecosystem assessment: An index system of human well-being. PloS one, 8: e64582.

Yao J., He X., Chen W., et al., 2016. A local-scale spatial analysis of ecosystem services and ecosystem service bundles in the upperhun river catchment, China. Ecosystem Services, 22, Part A: 104-110.

Zhang L., Lü Y., Fu B., et al., 2017. Mapping ecosystem services for China's ecoregions with a biophysical surrogate approach. Landscape and Urban Planning, 161: 22-31.

Zhang X., 2001. Ecological restoration and sustainable agricultural paradigm of mountain-oasisecotone-desert system in the north of the Tianshan mountains. ACTA BOTANICA SINICA, 12: 1294-1299.

Zheng H., Li Y., Robinson B.E., et al., 2016. Using ecosystem service trade-offs to inform water conservation policies and management practices. Frontiers in Ecology and the Environment, 14: 527-532.

Zheng H., Peng J., Qiu S., et al., 2022. Distinguishing the impacts of land use change in intensity and type on ecosystem services trade-offs. Journal of environmental management, 316: 115206.